电梯维护与保养

主　编　吴瑞超　张井彦　潘若龙
副主编　郭英平　孙立民　徐晓松
参　编　孙洪雁　杨春梅　张　灏
　　　　聂　妍

北京理工大学出版社
BEIJING INSTITUTE OF TECHNOLOGY PRESS

内 容 简 介

本书是在深入企业实际调研的基础上,根据电梯维护与保养行业的鉴定要求和工学结合课程改革的需求编写的。

本书在内容的组织与安排上采用任务导向的方式,将技能培养和知识的获取整合到学习任务中,以实际工作中典型的维保项目为载体,设计了 6 个项目,共 23 项任务,具体内容涵盖电梯曳引系统、导向系统、重量平衡系统、门系统、轿厢系统、电力拖动系统、电气控制系统和安全保护系统的维护保养内容,并通过维护保养曳引电动机、导向轮、对重框架、层门和轿门、安全保护装置等典型维护保养项目,有助于提升学生对电梯维护与保养的操作能力。

版权专有　侵权必究

图书在版编目（CIP）数据

电梯维护与保养 / 吴瑞超,张井彦,潘若龙主编. —北京：北京理工大学出版社,2019.7（2021.1 重印）

ISBN 978-7-5682-7279-7

Ⅰ. ①电… Ⅱ. ①吴… ②张… ③潘… Ⅲ. ①电梯–维修–高等学校–教材②电梯–保养–高等学校–教材　Ⅳ. ①TU857

中国版本图书馆 CIP 数据核字（2019）第 146552 号

出版发行 / 北京理工大学出版社有限责任公司	
社　　址 / 北京市海淀区中关村南大街 5 号	
邮　　编 / 100081	
电　　话 /（010）68914775（总编室）	
（010）82562903（教材售后服务热线）	
（010）68948351（其他图书服务热线）	
网　　址 / http://www.bitpress.com.cn	
经　　销 / 全国各地新华书店	
印　　刷 / 北京九州迅驰传媒文化有限公司	
开　　本 / 787 毫米×1092 毫米　1/16	责任编辑 / 梁铜华
印　　张 / 9	文案编辑 / 曾　仙
字　　数 / 192 千字	责任校对 / 周瑞红
版　　次 / 2019 年 7 月第 1 版　2021 年 1 月第 3 次印刷	责任印制 / 李志强
定　　价 / 46.00 元	

图书出现印装质量问题,请拨打售后服务热线,本社负责调换

前 言

本书将目前"电梯维护与保养"企业岗位中的主要工作内容与典型工作形式进行提炼，形成了23个典型工作任务，并将之作为专业课程教学的载体，很好地解决了课程教学与职业岗位工作任务脱节的问题。这些典型工作任务包含了工作过程中涉及的工作对象、工具、工作方法和劳动组织等生产要素，且课程内容与工作过程紧密结合，在教学过程中实现了工学结合。

本书在内容与形式上有以下特色：

1. 任务引领

本书以工作任务来引领知识、技能和态度，让学生在完成工作任务的过程中学习相关知识，从而发展学生的综合职业能力。

2. 结果驱动

本书以完成工作任务所获得的成果来激发学生的成就感，通过让学生完成具体的工作任务来培养其岗位工作能力。

3. 内容实用

本书紧紧围绕完成工作任务所需的专业知识来组织课程内容，不强调知识的系统性，而注重内容的针对性和使用性。

4. 学做一体

本书以工作任务为中心，可用于实现理论与实践的一体化教学。

5. 教材与学材统一

本书既可以作为教材使用，也可以作为学材使用，教学实用性很强。

6. 学生为本

本书在体例设计与内容的表现形式上充分考虑了学生的认知发展规律，图文并茂、版式活泼，有助于激发学生的学习兴趣。

本书由项目和任务两部分内容构成，其中包含6个项目，23项任务，共安排138学时。此外，本书还融入了考核评价标准，让教师的教学和学生的学习都能有的放矢，可操作性更强。

本书的建议课程课时安排如表0-1所示。

表0-1 课程课时安排

内　　容		授课学时
项目一 机械作业安全与规范	任务1　正确选用与使用安全防护设备	6
	任务2　正确盘车	6

续表

内容		授课学时
项目一 机械作业安全与规范	任务3　正确进出轿顶	6
	任务4　正确进出底坑	6
项目二 电气作业安全与规范	任务1　正确选择与使用仪表	6
	任务2　识读电梯基础电气元件	6
	任务3　规范的机房作业	6
	任务4　正确实施触电急救	6
项目三 曳引系统的维护与保养	任务1　维护与保养曳引电动机	6
	任务2　维护与保养减速箱	6
	任务3　调节制动器制动瓦间隙	6
	任务4　维护与保养曳引钢丝绳	6
项目四 电梯安全保护装置的 维护与保养	任务1　调节安全钳与导轨的间隙	6
	任务2　维护与保养缓冲器	6
	任务3　维护与保养行程终端保护开关	6
	任务4　维护与保养报警装置	6
项目五 电梯机械系统的维护与保养	任务1　维护与保养轿厢重量平衡系统	6
	任务2　维护与保养门系统	6
	任务3　维护与保养导向系统	6
	任务4　维修平层装置	6
项目六 电梯电气系统的维修与保养	任务1　维修安全回路、门锁回路	6
	任务2　维修呼梯与楼层显示系统	6
	任务3　维修与保养电梯控制柜及其他电气线路	6
合　计		138

各任务的实施流程如图0-1所示。

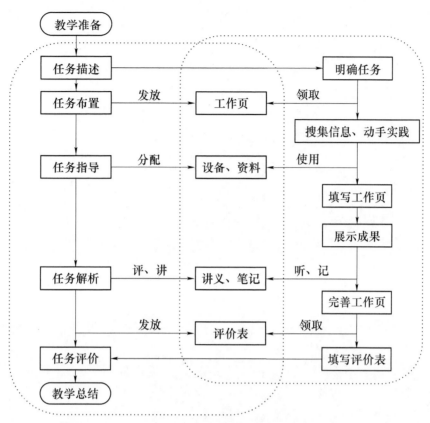

图 0-1 各任务的实施流程

本书由吴瑞超、张井彦、潘若龙担任主编,郭英平、孙立民、徐晓松担任副主编,孙洪雁、杨春梅、张灏、聂妍参与了本书的编写工作。具体分工为:吴瑞超编写项目一;张井彦编写项目二;潘若龙编写项目三;郭英平编写项目四的任务1、任务2;孙立民编写项目四的任务3、任务4;徐晓松编写项目五的任务1、任务2;孙洪雁编写项目五的任务3、任务4;杨春梅编写项目六的任务1;张灏编写项目六的任务2;聂妍编写项目六的任务3。

由于编者水平有限,加之时间仓促,书中难免存在错误和不足,恳请各位读者批评指正。

目 录

- **项目一 机械作业安全与规范** ·· 1
  - 任务1 正确选用与使用安全防护设备 ······································ 2
  - 任务2 正确盘车 ·· 5
  - 任务3 正确进出轿顶 ·· 7
  - 任务4 正确进出底坑 ·· 11
  - 思考与练习 ·· 13
  - 工作页与考核评价表 ·· 14

- **项目二 电气作业安全与规范** ·· 22
  - 任务1 正确选择与使用仪表 ·· 23
  - 任务2 识读电梯基础电气元件 ·· 27
  - 任务3 规范的机房作业 ·· 32
  - 任务4 正确实施触电急救 ·· 34
  - 思考与练习 ·· 37
  - 工作页与考核评价表 ·· 38

- **项目三 曳引系统的维护与保养** ·· 49
  - 任务1 维护与保养曳引电动机 ·· 50
  - 任务2 维护与保养减速箱 ·· 52
  - 任务3 调节制动器制动瓦间隙 ·· 55
  - 任务4 维护与保养曳引钢丝绳 ·· 62
  - 思考与练习 ·· 65
  - 工作页与考核评价表 ·· 66

- **项目四 电梯安全保护装置的维护与保养** ·· 74
  - 任务1 调节安全钳与导轨的间隙 ·· 75
  - 任务2 维护与保养缓冲器 ·· 77
  - 任务3 维护与保养行程终端保护开关 ·· 79

任务 4　维护与保养报警装置 ································· 82
　　思考与练习 ··· 85
　　工作页与考核评价表 ··· 86

▶ **项目五　电梯机械系统的维护与保养** ······················· 94
　　任务 1　维护与保养轿厢重量平衡系统 ···················· 95
　　任务 2　维护与保养门系统 ································· 97
　　任务 3　维护与保养导向系统 ······························ 100
　　任务 4　维修平层装置 ······································ 102
　　思考与练习 ·· 105
　　工作页与考核评价表 ·· 106

▶ **项目六　电梯电气系统的维修与保养** ······················ 114
　　任务 1　维修安全回路、门锁回路 ························ 115
　　任务 2　维修呼梯与楼层显示系统 ························ 119
　　任务 3　维修与保养电梯控制柜及其他电气线路 ······· 123
　　思考与练习 ·· 125
　　工作页与考核评价表 ·· 127

▶ **参考文献** ·· 133

项目一
机械作业安全与规范

教学目标

- 了解电梯在维护保养过程中安全的重要性。
- 理解电梯在机械维护保养过程中规范操作的意义。
- 掌握电梯机械维护保养的规范操作方法。

任务1　正确选用与使用安全防护设备

任务描述

（1）教师讲解安全防护设备的防护功能，讲解安全防护设备的正确使用方法。
（2）学生能正确使用安全防护设备。

教学准备

资料准备：工作页。
工具准备：安全帽、安全带、安全鞋、工作服、警戒线护栏、安全警示牌。

工作步骤

步骤1：自身穿戴安全防护设备。
（1）戴安全帽。
（2）穿工作服。
（3）穿工作鞋。
（4）系挂安全带。
步骤2：对电梯进行警戒。
（1）在基站放置安全警戒线。
（2）在工作楼层放置"有人维修　禁止操作"的警示牌。
（3）到机房将选择开关置于检修状态，并悬挂警示牌。
步骤3：填写工作页。

知识链接

1. 安全帽

电梯作业使用的安全帽（图1-1）是用来保护头部而戴的钢制（或类似原料制）的浅圆顶帽子，是防止冲击物伤害头部的防护用品。安全帽由帽壳、帽衬、下颏带、附件组成。帽壳呈半球形，坚固、光滑并有一定弹性，打击物的冲击和穿刺动能主要由帽壳承受。帽壳和帽衬之间留有一定空间，可缓冲、分散瞬时冲击力，从而避免（或减轻）对头部的直接伤害。冲击吸收性能、耐穿刺性能、侧向刚性、电绝缘性能、阻燃性能是对安全帽的基本技术性能的要求。

图1-1　安全帽

安全帽各组成部分的作用如下：

（1）帽壳：承受打击，使坠落物与人体隔开。

（2）帽箍：使安全帽保持在头上一个确定的位置。

（3）顶筋：分散冲击力，保持帽壳的浮动，使安全帽具有消耗冲击能量的作用。

（4）锁紧卡：后箍是头箍的锁紧装置，使安全帽紧紧固定在作业人员的头部。

（5）下颏带：辅助保持安全帽的状态和位置，防止（或减小）意外情况下安全帽在作业人员头部位置的偏移。

（6）吸汗带：吸附作业人员在工作时的头部汗水，以保证作业人员头部干爽。

（7）缓冲垫：当发生冲击时，吸收冲击荷载。

（8）垂直间距：在戴安全帽时，头顶最高点与帽壳内表面之间的轴向距离。如果垂直间距过小，则通风不畅，作业人员在工作时头部不舒适；如果垂直间距过大，则帽壳重心上升，容易导致安全帽在头上不固定，不利于工作人员使用。

（9）水平间距：在戴安全帽时，帽箍与帽壳内侧之间在水平面上的径向距离，同时也是散热通道。

2. 安全带

电梯作业使用的安全带（图1-2）是全身安全带，即安全带包裹全身，且配备了腰、胸、背多个悬挂点，一般可以拆卸为一个半身安全带及一个胸式安全带。安全带要正确使用，应拉平，不要扭曲。电梯作业使用的安全带是防止高处坠落的安全用具。根据国家标准，当电梯作业高度超过 2 m，没有其他防止坠落的措施时，作业人员必须使用安全带。

安全带的使用原则为：高挂低用。

3. 安全鞋

安全鞋（图1-3）应该维持良好状况，并且定期检查；若发现有磨损或劣化现象，则应予以丢弃；应该时常检查安全鞋的鞋带，若有必要，应予以置换；若有物体穿刺入鞋底，则必须予以除去；还应该检查缝合线是否松动、磨损或断裂。对于新购的安全鞋，应在上层部分喷涂硅树脂或喷涂保护蜡，从而起到防湿功能。

图1-2 安全带

图1-3 安全鞋

（1）防滑：聚氨酯一次成型大底，独特底花设计，优良的防滑性能。

（2）耐油：按照《个体防护装备 鞋的测试方法》（GB/T 20991—2007）中 8.6.1 方法

测试时，体积增大不应超过 12%。如果按照该方法测试后，试样体积收缩超过 0.5%，或者硬度增加超过 10 个邵尔 A 单位，则按照 GB/T 20991—2007 中 8.6.2 方法进一步取样和测试，连续屈挠 150 000 次，切口增长应不超过 6 mm。

（3）防砸：采用行业标准（保护足趾安全鞋 LD50-94），保护足趾安全鞋的内衬为钢包头，具有耐静压及抗冲击性能，防刺、防砸，十分安全，经检验，耐压力为 10 kN，鞋头抗冲击力为 23 kg。冲击锤自 450 mm 高度自由落下冲击鞋头后，鞋内变形间隙≥15 mm。保护足趾安全鞋主要适用于矿山、机械建筑安全、冶金、钢铁、港务吊装等重工业行业，起到保护足趾安全的作用，内有橡胶及弹性体支撑，穿着舒适，且不影响日常劳动操作。

（4）绝缘。绝缘鞋能在交流 1 000 V/50Hz 及以下，或直流 1 500 V 及以下的电力设备上工作，作为辅助安全用具和劳动防护用品穿着的皮鞋。

（5）防静电。防静电皮鞋根据《个体防护装备　职业鞋》（GB 21146—2007）标准进行生产，电阻值范围为 100 KΩ～1 000 MΩ，应具有透气性能好、防静电、耐磨、防滑等功能，主要适用于航空、航天危化行业，避免因静电而发生易燃易爆事故。

4. 工作服

电梯维保工作服采用的是防静电工作服（图 1-4），是指为防止服装上的静电积累，以防静电织物为面料而缝制的工作服。防静电织物是指在纺织时，大致等间隔地（或均匀）地混入导电纤维或防静电合成纤维（或两者混合交织）而成的织物。导电纤维是指全部（或部分）使用金属（或有机物）的导电材料（或亚导电材料）制成的纤维的总称，其体积电阻率 ρ_v 为 10^4～10^9 Ω/cm。按照导电成分在纤维中的分布情况，导电纤维可以分为导电成分均一型、导电成分覆盖型和导电成分复合型。

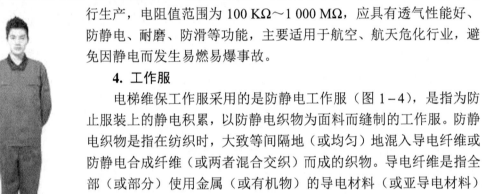

图 1-4　防静电工作服

（1）服装应全部使用防静电织物，一般不使用衬里。必须使用衬里时，衬里的露出面积应不超过全部服装内面面积的 20%。

（2）应根据不同场所的不同加工对象的静电敏感度，选用不同等级的防静电布料和防静电工作服。

（3）工作服的洗涤应尽量采用简易方法进行，应避免使工作服受到较强的机械和化学操作的洗涤。

（4）禁止在防静电工作服上附加或佩带任何金属物件。

5. 安全护栏

在每次维修保养开始前，必须放置好安全护栏（图 1-5），不得违规操作，以免产生安全隐患。

安全护栏的放置方法如下：

（1）有机房电梯。对于有机房电梯，每次维修保养时，对于单部电梯需要配置 5 片护栏（为一组）。其中，3 片护栏相连接成梯形，放置于电梯首层轿门外侧，起到电梯正在维修保养的提示作用。另两片护栏相连接成 V 字形，展开放置于轿内，避免电梯在某层开门时乘客误入，起到提示作用。

（2）无机房电梯。无机房电梯比有机房电梯多配置 3 片（每台共配置 8 片）。3 片护栏相连接呈梯形，放置于电梯控制柜前的工作区域，起到"维修保养"的提示作用。

（3）若电梯维修保养在中间楼层厅外作业，则应该先将轿厢内的两片护栏放置到工作楼层的层门外，然后才可以开始工作。

（4）扶梯/自动人行道。每次维修保养时，对于单部扶梯需要配置至少 6 片护栏为一组，应使用护栏封闭扶梯两端的入口。当打开机房作业时，应确保使用护栏围住整个工作区域，以免乘客误入。

图 1-5　安全护栏

任务 2　正确盘车

任务描述

通过学习，学生能在电梯停电或发生故障时，对困在轿厢内的人进行救援。

教学准备

资料准备：工作页。

工具准备：安全帽、安全带、安全鞋、工作服、警戒线护栏、安全警示牌。

工作步骤

步骤 1：自身穿戴安全防护设备。

（1）戴安全帽。

（2）穿工作服。

（3）穿工作鞋。

步骤 2：对电梯进行警戒。

（1）切断电源。

（2）在基站放置安全警戒线。
（3）松闸盘车。
步骤3：填写工作页。

知识链接

1. 救援装置

1）手动紧急操作装置

当电梯停电或发生故障，需要对困在轿内的人进行救援时，就需要手动紧急操作，一般称为"人工盘车"。紧急操作包括人工松闸和盘车，两个项目相互配合操作，所以操作装置也包括人工松闸装置和手动盘车装置。通常，盘车手轮（图1-6）为黄色，盘车扳手（图1-7）为红色，挂在附近的墙壁上，紧急需要时，随手即可拿到。

图1-6　盘车手轮

图1-7　盘车扳手

图1-8　紧急开锁装置

2）人工紧急开锁装置

为了在必要时能从层站外打开层门，规定每个层门都应有人工紧急开锁装置，如图1-8所示。工作人员可用三角钥匙从层门上部的锁孔插入，通过门后的开锁装置将门锁打开。在无开锁动作时，开锁装置应自动复位，不能依旧保持开锁状态。在以往的电梯上，紧急开锁装置只设置在基站或两个端站。由于电梯营救方式的改变，现在强调每个层站的层门均应设紧急开锁装置。

2. 平层标记

为了使操作人员在操作时知道轿厢的位置，机房内必须有层站指示。最简单的方法就是在曳引绳上用油漆做标记，同时将标记对应的层站写在机房操作地点的附近。电梯从第一站到最后一站，每楼层用二进制表示，在机房曳引机钢丝绳上用红色油漆（或黄色油漆）标示，这就是平层标记，如图1-9所示。

曳引钢丝绳标志查看方法：将电梯停靠在平层位置，观察曳引钢丝绳油漆涂抹的位置，从左到右按照8421码的顺序，将油漆所代表的数字进行叠加，最终得数即电梯所在层数。

3. 盘车操作注意事项。

1）切断电源，并上锁挂牌

图1-9 表示电梯在一层的平层标记

如果轿厢内有人，应告知"正在施救，请保持镇定"，并告知在"施救过程中，电梯将会多次起动停车，请不要惊慌"。

2）松闸盘车

可以通过查看平层标记或者在被困楼层用钥匙稍微打开层门的方法来确定轿厢位置和盘车方向。

电梯轿厢与平层位置相差不超过0.3 m时，不需要进行盘车；当超过0.3 m时，应执行以下操作：

（1）维修人员迅速赶往机房，根据平层标识来判断电梯轿厢所处的楼层位置。

（2）取下盘车手轮和松闸扳手。

（3）一人将盘车手轮上的小齿轮与曳引机的大齿轮啮合。在确定后，另外一人用松闸扳手对抱闸施加均匀压力，使制动片松开。操作时，两人应使用口令（松、停）断续操作，使轿厢慢慢移动。开始时，一次只可以移动轿厢约30 mm，不可过急或幅度过大，以确定轿厢是否获得安全移动及抱闸的制动性能。当确信可安全移动后，一次可使轿厢移动约300 mm，直到轿厢到达最近楼层平层。

（4）用层门钥匙打开电梯层门和轿门，引导乘客有序地离开轿厢。

（5）重新关好轿门和层门。

任务3　正确进出轿顶

任务描述

学生能安全、规范地进出轿顶作业。

教学准备

资料准备：工作页。

工具准备：安全帽、安全带、安全鞋、工作服、警戒线护栏、安全警示牌、顶门器。

工作步骤

步骤1：自身穿戴安全防护设备。
（1）戴安全帽。
（2）穿工作服。
（3）穿工作鞋。
（4）系挂安全带。
步骤2：对电梯进行警戒。
（1）在基站放置安全警戒线。
（2）在工作楼层放置"有人维修　禁止操作"的警示牌。
（3）到机房将选择开关置于"检修"状态，并挂上警示牌。
步骤3：进入轿顶。
（1）进行"三验证"。
（2）进入轿顶，在验证检修上行、下行按钮后，开始轿顶作业。
（3）出轿顶。
步骤4：填写工作页。

知识链接

1. 轿顶

轿顶结构如图1–10所示。由于安装、检修和营救的需要，有时需要在轿顶站人。我国有关技术标准规定，轿顶承受三个携带工具的检修人员（每人以100 kg计）时，其弯曲挠度应不大于跨度的1/1 000。

轿顶设有排气风扇以及检修开关、急停开关和电源插座，以供检修人员在轿顶上工作的需要。轿顶靠近对重的一面，应设置防护栏。

图1–10　轿顶结构

2. 急停开关

急停开关也称安全开关，如图 1-11 所示。急停开关是串接在电梯控制电路中的一种不能自动复位的手动开关，当遇到紧急情况或在轿顶、底坑、机房等处检修电梯时，为防止电梯起动、运行，就将开关关闭，切断控制电源，以保证安全。急停开关应有明显标志，按钮应为红色，旁边应标以"停止""复位"字样。

急停开关分别设置在轿顶操纵盒上、底坑内和机房电梯控制柜壁上及滑轮间。轿顶的急停开关应面向轿门，离轿门距离不大于 1 m。底坑的急停开关应安装在进入底坑可立即触及的位置。当底坑较深时，可以在底坑梯子旁和底坑下部各设一个串接的急停开关。

图 1-11 轿顶急停开关

3. 电梯的检修运行装置

检修运行状态是为了便于检修和维护而设置的运行状态，由安装在轿顶或其他位置的检修运行装置进行控制，如图 1-12 所示。

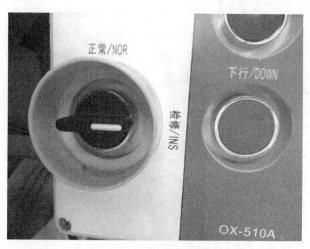

图 1-12 轿顶检修开关

检修运行时，应取消正常运行的各种自动操作，如取消轿厢内和层站的召唤、取消门的自动操作等。此时，轿厢的运行依靠持续按压方向操作按钮操纵，轿厢的运行速度不得超过 0.63 m/s，门的开关也由持续按压开关门按钮控制。检修运行时，所有安全装置均有效。所以，检修运行时，电梯是不能开门运行的。

检修运行装置包括运行状态转换开关、操纵运行的方向按钮和急停开关。检修转换开关应是符合电气安全触电要求的双稳态开关，有防误操作的措施，开关的检修和正常运行位置有标志，轿厢内的检修开关应使用钥匙动作，或设在有锁的控制盒中。

检修运行的方向按钮应有防误动作的保护，并标明方向。有的电梯为防误动作，设置有三个按钮：上行按钮、下行按钮、公共按钮。操纵时，方向按钮必须与中间的公共按钮同时按下才有效。

当轿顶以外的部位（如机房、轿厢内）也有检修运行装置时，必须保证轿顶的检修开关"优先"，即当轿顶检修开关处于检修运行位置时，其他位置的检修运行装置全部失效。

4. 进入轿顶的步骤

（1）在基站设置警戒线护栏和安全警示牌，在工作楼层放置安全警示牌，如图 1-13 所示。

图 1-13 安全警示牌

（2）按电梯外呼按钮，将电梯呼到要上轿顶的楼层，然后在轿厢内选下一层的指令，将电梯停到下一层或便于上轿顶的位置（当楼层较高时）。

（3）当电梯运行到合适进出轿顶的位置时，用层门钥匙打开层门至 100 mm 处，放入顶门器。按外呼按钮（等候 10 s），测试层门门锁是否有效。

（4）重新打开层门，放置顶门器。站在层门地坎处，侧身按下急停开关，打开照明灯。取出顶门器，关闭层门，按外呼按钮（等候 10 s），测试急停开关是否有效。

（5）打开层门，放置顶门器，将检修开关拨至检修位置。然后将急停开关复位，取下顶门器，关闭层门，按外呼按钮（等候 10 s），测试检修开关是否有效。

说明：步骤（3）～（5）合称"三验证"。

（6）打开层门，放置顶门器，按下急停开关，进入轿顶。站在轿顶安全、稳固、便于操作检修开关的位置，将安全绳挂在锁钩处，并拧紧。取出顶门器，关闭层门。

（7）站在轿顶，将急停开关复位。单独操作上行按钮，观察轿厢移动状况。如果无移动，则按公共按钮和上行按钮，电梯上行，验证完毕。

（8）单独按下行按钮，按时观察轿厢移动状况。如果无移动，则按公共按钮和下行按钮，电梯下行，验证完毕。

（9）将电梯运行到合适位置，按下急停开关，开始轿顶工作。

5. 退出轿顶的步骤

1）同一楼层退出轿顶

（1）在检修状态下；将电梯运行到退出轿顶的合适位置，按下急停开关。

（2）打开层门，退出轿顶，用顶门器固定层门。

（3）站在层门口，将轿顶的检修开关复位。

（4）关闭轿顶照明开关。

（5）将轿顶急停开关复位。

（6）取出层门限位器，关闭层门确认电梯正常运行。

2）不在同一楼层退出轿顶

（1）将电梯开到要退出轿顶楼层的合适位置，按下急停开关。

（2）打开层门，放下顶门器。

（3）将轿顶急停开关复位。

（4）先按公共按钮和下行按钮，然后按公共按钮和上行按钮，确认门锁回路的有效性。

（5）验证完毕，按下急停开关控制电梯。

（6）打开层门，退出轿顶，用顶门器固定层门。

（7）站在层门口，将轿顶的检修开关复位。

（8）关闭轿顶照明开关。

（9）将轿顶急停开关复位。

（10）取出层门限位器，关闭层门，确认电梯正常运行，移走警戒线护栏和安全警示牌。

任务4　正确进出底坑

任务描述

学生能安全、规范地进出底坑作业。

教学准备

资料准备：工作页。

工具准备：安全帽、安全带、安全鞋、工作服、警戒线护栏、安全警示牌、顶门器。

工作步骤

步骤1：自身穿戴安全防护设备。

（1）戴安全帽。

（2）穿工作服。

（3）穿工作鞋。
（4）系挂安全带。
步骤2：对电梯进行警戒。
（1）在基站放置安全警戒线。
（2）在工作楼层放置"有人维修　禁止操作"的警示牌。
步骤3：进出底坑。
（1）进行验证。
（2）进入底坑作业。
（3）出底坑。
步骤4：填写工作页。

知识链接

1. 底坑的结构组成

底坑在井道的底部，是电梯最底层站的下面环绕部分，底坑里有导轨底座、轿厢和对重所用的缓冲器、限速器张紧装置、急停开关盒等，底坑结构如图1-14所示。

图1-14　底坑结构

2. 底坑的土建要求

（1）井道下部应设置底坑，除缓冲器座、导轨底座以及排水装置外，底坑的底部应光滑平整，不得渗水，底坑不得作为积水坑使用。

（2）如果底坑深度大于 2.5 m 且建筑物的布置允许，则应设置底坑进口门，该门应符合检修门的要求。

（3）如果没有其他通道，则为了便于检修人员安全地进入底坑地面，应在底坑内设置一个从层门进入底坑的永久性装置，此装置不得凸入电梯运行的空间。

（4）当轿厢完全压在它的缓冲器上时，底坑还应有足够的空间能放进一个不小于

0.5 m × 0.6 m × 1.0 m 的矩形体。

（5）底坑与轿厢最底部分之间的净空距离应不小于 0.5 m。

（6）底坑应有电梯停止开关，该开关安装在底坑入口处，当人打开门进入底坑时，应能够立即触及。

（7）底坑内设置一个电源插座。

3. 进入底坑的步骤

（1）在基站设置警戒线护栏、安全警示牌，在工作楼层放置安全警示牌。

（2）按外呼按钮，将轿厢召唤至此层。

（3）在轿厢内设定上一层和顶层两个指令。

（4）等待电梯运行到合适位置。用层门钥匙打开层门至 100 mm 处，放入顶门器，按外呼按钮（等候 10 s），测试层门锁是否有效。

（5）打开层门，放入顶门器，侧身保持平衡，按上急停开关。拿开顶门器，关闭层门，按外呼按钮（等候 10 s），测试上急停开关是否有效。

（6）打开层门，放置顶门器，进入底坑，打开照明开关。按下急停开关，再出底坑。在层门外将上急停开关复位，拿开顶门器，关闭层门，按外呼按钮（等候 10 s），测试下急停开关是否有效。

（7）打开层门，放置顶门器，按上急停开关，进入底坑。打开层门至 100 mm 处，放入顶门器固定层门，开始工作。如果底坑过深，则需要其他人协助放置顶门器。

4. 退出底坑的步骤

（1）完全打开层门后，用顶门器固定层门。

（2）将下急停开关复位，关闭照明开关，出底坑。

（3）在层门地坎处，将上急停开关复位。

（4）拿开顶门器，关闭层门。

（5）试运行确认电梯恢复正常后，清理现场，移开安全警示牌。

思考与练习

请完成以下电梯维护保养项目：

（1）底坑急停的检查（检测）、调整、维修及更换。

（2）轿内急停的检查（检测）、调整、维修及更换。

（3）轿顶急停的检查（检测）、调整、维修及更换。

（4）轿顶检修操作优先功能的检查（检测）、调整、维修及更换。

工作页与考核评价表

任务 1　正确选择与使用安全防护设备——工作页

班级_____　姓名_____　日期_____　成绩_____

请简述下列图片中安全防护设备的名称、功能，并能正确使用。	
(安全帽图片)	
(安全带图片)	
(安全鞋图片)	
(工作服图片)	
(危险警示围栏图片)	

任务1 正确选择与使用安全防护设备——考核评价表

班级_____ 姓名_____ 日期_____ 成绩_____

序号	教学环节	参与情况	考核内容	教学评价	
				自我评价	教师评价
1	明确任务	参　与【　】 未参与【　】	领会任务意图		
			掌握任务内容		
			明确任务要求		
2	搜集信息	参　与【　】 未参与【　】	研读学习资料		
			搜集数据信息		
			整理知识要点		
3	填写工作页	参　与【　】 未参与【　】	明确工作步骤		
			完成工作任务		
			填写工作内容		
4	展示成果	参　与【　】 未参与【　】	聆听成果分享		
			参与成果展示		
			提出修改建议		
5	整理笔记	参　与【　】 未参与【　】	聆听任务解析		
			整理解析内容		
			完成学习笔记		
6	完善工作页	参　与【　】 未参与【　】	自查工作任务		
			更正错误信息		
			完善工作内容		
备注	请在"教学评价"栏中填写 A、B 或 C。A—能；B—勉强能；C—不能				
学生心得					
教师寄语					

任务 2　正确盘车——工作页

班级＿＿＿＿＿＿＿＿姓名＿＿＿＿＿＿＿＿日期＿＿＿＿＿＿＿＿成绩＿＿＿＿＿＿＿＿

1. 请简述盘车手轮的作用。

2. 请简述盘车扳手的作用。

3. 请简述盘车过程，并进行实际操作。

4. 请简述盘车过程中的注意事项。

任务 2 正确盘车——考核评价表

班级_____ 姓名_____ 日期_____ 成绩_____

序号	教学环节	参与情况	考核内容	教学评价	
				自我评价	教师评价
1	明确任务	参 与【 】 未参与【 】	领会任务意图		
			掌握任务内容		
			明确任务要求		
2	搜集信息	参 与【 】 未参与【 】	研读学习资料		
			搜集数据信息		
			整理知识要点		
3	填写工作页	参 与【 】 未参与【 】	明确工作步骤		
			完成工作任务		
			填写工作内容		
4	展示成果	参 与【 】 未参与【 】	聆听成果分享		
			参与成果展示		
			提出修改建议		
5	整理笔记	参 与【 】 未参与【 】	聆听任务解析		
			整理解析内容		
			完成学习笔记		
6	完善工作页	参 与【 】 未参与【 】	自查工作任务		
			更正错误信息		
			完善工作内容		
备注	请在"教学评价"栏中填写 A、B 或 C。A—能；B—勉强能；C—不能					
学生心得					
教师寄语					

任务3　正确进出轿顶——工作页

班级＿＿＿＿＿＿＿＿姓名＿＿＿＿＿＿＿＿日期＿＿＿＿＿＿＿＿成绩＿＿＿＿＿＿＿＿

请简述以下各步骤的注意事项。

（1）设置警戒。

（2）停梯。

（3）验证层门锁。

（4）验证轿顶急停按钮。

（5）验证轿顶检修按钮。

（6）进入轿顶。

（7）验证检修运行开关。

（8）退出轿顶。

任务3 正确进出轿顶——考核评价表

班级_____ 姓名_____ 日期_____ 成绩_____

序号	教学环节	参与情况	考核内容	教学评价	
				自我评价	教师评价
1	明确任务	参　与【　】 未参与【　】	领会任务意图		
			掌握任务内容		
			明确任务要求		
2	搜集信息	参　与【　】 未参与【　】	研读学习资料		
			搜集数据信息		
			整理知识要点		
3	填写工作页	参　与【　】 未参与【　】	明确工作步骤		
			完成工作任务		
			填写工作内容		
4	展示成果	参　与【　】 未参与【　】	聆听成果分享		
			参与成果展示		
			提出修改建议		
5	整理笔记	参　与【　】 未参与【　】	聆听任务解析		
			整理解析内容		
			完成学习笔记		
6	完善工作页	参　与【　】 未参与【　】	自查工作任务		
			更正错误信息		
			完善工作内容		
备注	请在"教学评价"栏中填写 A、B 或 C。A—能；B—勉强能；C—不能				
学生心得					
教师寄语					

任务4 正确进出底坑——工作页

班级_____姓名_____日期_____成绩_____

请简述以下各步骤的注意事项。

（1）设置警戒。

（2）停梯。

（3）验证层门锁。

（4）验证底坑上急停按钮。

（5）验证底坑下急停按钮。

（6）进入底坑。

（7）退出底坑。

任务4　正确进出底坑——考核评价表

班级＿＿＿＿＿＿＿＿姓名＿＿＿＿＿＿＿＿日期＿＿＿＿＿＿＿＿成绩＿＿＿＿＿＿＿＿

序号	教学环节	参与情况	考核内容	教学评价	
				自我评价	教师评价
1	明确任务	参　与【　】 未参与【　】	领会任务意图		
			掌握任务内容		
			明确任务要求		
2	搜集信息	参　与【　】 未参与【　】	研读学习资料		
			搜集数据信息		
			整理知识要点		
3	填写工作页	参　与【　】 未参与【　】	明确工作步骤		
			完成工作任务		
			填写工作内容		
4	展示成果	参　与【　】 未参与【　】	聆听成果分享		
			参与成果展示		
			提出修改建议		
5	整理笔记	参　与【　】 未参与【　】	聆听任务解析		
			整理解析内容		
			完成学习笔记		
6	完善工作页	参　与【　】 未参与【　】	自查工作任务		
			更正错误信息		
			完善工作内容		
备注	请在"教学评价"栏中填写 A、B 或 C。A—能；B—勉强能；C—不能				
学生心得					
教师寄语					

项目二
电气作业安全与规范

> **教学目标**
>
> - 了解电梯电气元件的功能。
> - 掌握电梯电气元件的维护与保养。
> - 会正确使用电气工具来进行电梯的维护与保养工作。

任务1　正确选择与使用仪表

任务描述

（1）教师讲解万用表的功能及其正确使用方法。
（2）教师讲解钳形电流表的功能及其正确使用方法。
（3）教师讲解兆欧表的功能及其正确使用方法。
（4）学生完成使用仪表的工作页。

教学准备

资料准备：工作页。
工具准备：万用表、钳形电流表、兆欧表。

工作步骤

步骤1：明确三种仪表的功能。
步骤2：填写工作页。

知识链接

1. 万用表的功能及其正确使用方法

万用表（图2-1）又称为复用表、多用表、三用表、繁用表等，是电力电子等部门不可缺少的测量仪表，一般以测量电压、电流和电阻为主要目的。万用表按显示方式分为指针万用表和数字万用表（本小节以数字万用表为例进行讲解），是一种多功能、多量程的测量仪表。一般万用表可测量直流电流、直流电压、交流电流、交流电压、电阻和音频电平等，有的万用表还可以测交流电流、电容量、电感量及半导体的一些参数等。

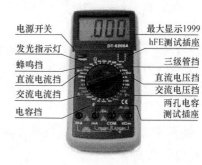

图2-1　万用表

1）结构组成

（1）表头（数字式）。

数字万用表的表头一般由 A/D（模拟/数字）转换芯片、外围元件、液晶显示器组成。万用表的精度受表头影响。由于万用表的数字是由 A/D 芯片转换出来的，所以一般也称为 3 1/2 位数字万用表、4 1/2 位数字万用表等。最常用的芯片是 ICL7106（3 1/2LCD 手动量程经典芯片，后续版本为 7106A、7106B、7206、7240 等）、ICL7129（4 1/2LCD 手动量程经典芯片）、ICL7107（3 1/2LED 手动量程经典芯片）。

（2）选择开关。

万用表的选择开关是一个多挡位的旋转开关，用于选择测量项目和量程。一般的万用表测量项目包括：直流电流"mA"、直流电压"V（-）"、"交流电压 V（～）"、电阻"Ω"。每个测量项目又划分为几个不同的量程，可根据需要来选择。

（3）表笔和表笔插孔。

交直流电压的测量：根据需要，将量程开关拨至 DCV（直流）或 ACV（交流）的合适量程，红表笔插入 V/Ω 孔，黑表笔插入 COM 孔，并将表笔与被测线路并联，即显示读数。

交直流电流的测量：根据需要，将量程开关拨至 DCA（直流）或 ACA（交流）的合适量程，红表笔插入 mA 孔（<200 mA 时）或 10 A 孔（>200 mA 时），黑表笔插入 COM 孔，并将万用表串联在被测电路中即可。测量直流量时，数字万用表能自动显示极性。

电阻的测量：将量程开关拨至电阻"Ω"的合适量程，红表笔插入 V/Ω 孔，黑表笔插入 COM 孔。如果被测电阻值超出所选择量程的最大值，则万用表将显示 1，这时应选择更高的量程。测量电阻时，红表笔为正极，黑表笔为负极，这与指针式万用表正好相反。因此，测量晶体管、电解电容器等有极性的元器件时，必须注意表笔的极性。

（4）转换开关。

转换开关的作用是选择各种不同的测量线路，以满足不同种类和不同量程的测量要求。转换开关通常是一个圆形拨盘，在其周围分别标有功能和量程。

2）操作规程

（1）使用前，应熟悉万用表各项功能，根据被测量的对象，正确选用挡位、量程及表笔插孔。

（2）在对被测数据大小不明时，应先将量程开关置于最大值，而后由大量程向小量程挡位切换。

（3）在测量某电路电阻时，必须切断被测电路的电源，不得带电测量。

（4）使用万用表进行测量时，要注意人身和仪表设备的安全。在测试中，不得用手触摸表笔的金属部分，不允许带电切换挡位开关，以确保测量准确，避免发生触电和烧毁仪表等事故。

2. 钳形电流表的功能及其正确使用方法

1）功能及使用方法

钳形电流表（图 2-2）由电流互感器和电流表组合而成。当捏紧扳手时，电流互感器的铁芯可以张开，被测电流所通过的导线可以不必切断就穿过铁芯张开的缺口；当放开扳手后，铁芯闭合。

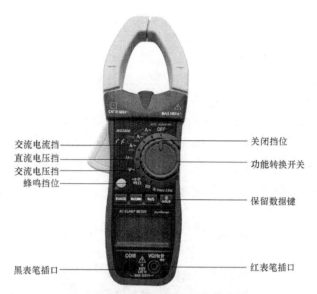

图 2-2　钳形电流表

在使用钳形电流表检测电流时，一定要夹入一根被测导线（电线），如图 2-3（a）所示。如果夹入两根（平行线），则不能检测电流，如图 2-3（b）所示。另外，使用钳形电流表中心（铁芯）检测时，检测误差小。

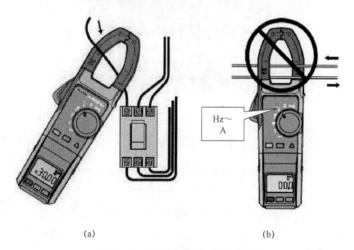

(a)　　　　　　　　　　(b)

图 2-3　钳形电流表的使用方法

(a) 正确；(b) 错误

2) 注意事项

(1) 进行电流测量时，被测载流体的位置应放在钳口中央，以免产生误差。

(2) 测量前，应估计被测电流的大小，选择合适的量程。在预估不了电流大小时，应选择最大量程,再根据数值来适当减小量程,但不能在测量时转换量程。

(3)为了使读数准确,应保持钳口干净无损,当有污垢时,应使用汽油擦洗干净,再进行测量。

(4)在测量 5 A 以下的电流时,为了测量准确,应该绕圈测量。

(5)钳形表不能测量裸导线电流,以防触电和短路。

(6)测量完成后,一定要将量程分挡旋钮置于最大量程位置。

3. 兆欧表的功能及其正确使用方法

兆欧表(图 2-4)俗称摇表,兆欧表大多采用手摇发电机供电,故又称摇表。它的刻度是以兆欧(MΩ)为单位的。兆欧表是电工常用的一种测量仪表,主要用来检查电气设备、家用电器或电气线路对地及相间的绝缘电阻,以保证这些设备、电器和线路工作在正常状态,避免发生触电伤亡及设备损坏等事故。

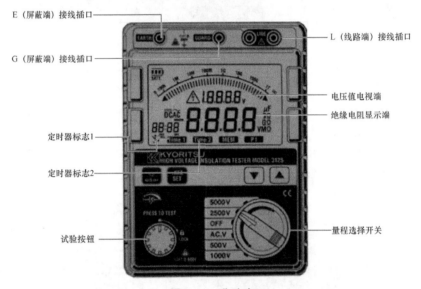

图 2-4 兆欧表

不同电压等级绝缘电阻测量与兆欧表测试电压选取的关系如表 2-1 所示。

表 2-1 不同电压等级绝缘电阻测量与兆欧表测试电压选取的关系

被测设备电压等级	兆欧表测试电压选取
大于等于 35 kV	5 000 V
大于等于 1 000 V 且小于 35 kV	2 500 V
大于等于 500 V 且小于 1 000 V	1 000 V
小于 500 V	500 V

1)使用方法

(1)测量前,必须将被测设备的电源切断,并对地短路放电。决不能让设备带电进行测量，以保证人身和设备的安全。对可能感应出高压电的设备，必须在消除这种可能性后，才能进行测量。

（2）被测物表面要清洁，减少接触电阻，确保测量结果的正确性。

（3）测量前，应将兆欧表进行一次开路和短路试验，检查兆欧表是否良好。即在兆欧表未接上被测物之前，红黑表笔无接触，将量程开关选择 500 V 挡，将测试按钮按下，旋转 90°，观察阻值是否为无穷大。将接线柱"线（L）和地（E）"短接，量程开关选择 500 V 挡，将测试按钮按下，旋转 90°，观察阻值是否为 0。如果数值与预期值不符，表明兆欧表有故障，应检修后再使用。

（4）兆欧表使用时，应放在平稳、牢固的地方，且远离大的外电流导体和外磁场。

（5）必须正确接线。兆欧表上一般有三个接线柱——L、E、G。其中，L 端接在被测物和大地绝缘的导体部分，E 端接被测物的外壳或大地，G 端接在被测物的屏蔽层上或不需要测量的部分。测量绝缘电阻时，一般只用 L 端和 E 端。但在测量电缆对地的绝缘电阻或被测设备的漏电流较严重时，就要使用 G 端，并将 G 端接屏蔽层或外壳。

（6）读数完毕，将被测设备放电。放电方法：将测量时使用的地线从兆欧表上取下，与被测设备短接一下即可（不是兆欧表放电）。

2）绝缘要求

（1）根据被测量设备的电压等级，每千伏绝缘阻值大于 1 MΩ 为合格。

（2）若 15 s 内绝缘阻值大于 1 000 MΩ，则说明设备绝缘良好。

（3）当 15 s 内绝缘阻值不能达到 1 000 MΩ 时，取 60 s 阻值示数与 15 s 阻值示数相比，其值为吸收比。若吸收比大于 1.3，则说明设备绝缘合格。

任务 2　识读电梯基础电气元件

任务描述

通过学习，学生能掌握电梯控制柜内基础电气元件的功能，能明确安全回路中安全开关的触发原理和功能。

教学准备

资料准备：工作页。

工具准备：安全帽、安全带、安全鞋、工作服、警戒线护栏、安全警示牌、塞尺。

工作步骤

步骤 1：自身穿戴安全防护设备。

（1）戴安全帽。
（2）穿工作服。
（3）穿工作鞋。
步骤2：对电梯进行警戒。
（1）在基站放置安全警戒线。
（2）在工作楼层放置"有人维修　禁止操作"的警示牌。
步骤3：对元器件的位置和功能进行认知。
步骤4：填写工作页。

知识链接

1. 二极管

半导体二极管由一个PN结，以及相应的电极、引线、管壳封装而成，用符号D表示。二极管具有单向导电性及开关特性，主要有整流、稳压、开关、检波等作用。

2. 接触器

图2-5　接触器

接触器（图2-5）是指利用线圈流过电流产生磁场，使触头闭合，以达到控制负载的电器。当接触器的电磁线圈通电后，会产生很强的磁场，使静铁芯产生电磁吸力吸引衔铁，并带动触头动作——常闭触头断开、常开触头闭合，两者是联动。当线圈断电时，电磁吸力消失，衔铁在释放弹簧的作用下释放，使触头复原——常闭触头闭合、常开触头断开。

接触器的主要控制对象是电动机，不仅能接通和切断电路，还能起到低电压释放保护的作用。接触器的控制容量大，适用于频繁操作和远距离控制，是控制系统中的重要元件之一。

在电梯运行控制过程中，主要依托的接触器有抱闸接触器、安全接触器、运行接触器、门锁接触器。抱闸接触器主要负责对抱闸装置进行供电/断电，使电梯在不具备运行条件的前提下不会松闸，在运行过程中不具备安全运行条件而制动。安全接触器一般放置在安全回路的终端，在安全回路不具备导通的前提下，接触器无法得电吸合，电梯无法运行。运行接触器的主要作用是为曳引机供电，在前段电路出现欠压状态时，能保护曳引机不受损坏，同时其欠压释放功能也为运行安全提供有力保障。门锁接触器一般放置在门锁回路的终端，在门锁回路不具备导通条件的情况下，门锁接触器无法得电吸合，电梯无法运行。

3. 继电器

继电器（图2-6）是一种电控制器件，当输入量（激励量）的变化达到规定要求时，在电气输出电路中使被控量发生预定的阶跃变化。它具有控制系统（又称输入回路）和被控制系统（又称输出回路）之间的互动关系，通常应用于自动化的控制电路中。继电器实际上是用小电流去控制大电流运作的一种"自动开关",故在电路中起着自动调节、安全保护、转换电路等作用。

在电梯运行控制过程中,主要依托的继电器有相序继电器、节能继电器、锁梯继电器。相序继电器,顾名思义,其功能是对电源相序进行检查,三相电源在错相、缺相的情况下,会停止为后续电路供电,从而保证整个运行系统的安全。若电梯长时间不工作(一般为3分钟左右),节能继电器会通电动作,断开轿厢照明,起到节约电能的作用。当电梯管理员人为操控,将电梯调整至锁体状态下时,锁梯继电器会通电动作,断开内呼、外呼电源,断开楼层显示器电源。

4. 变频器

变频器(图2-7)是把市电(380 V/50 Hz)通过整流器变成平滑直流,然后利用半导体器件(GTO、GTR或IGBT)组成的三相逆变器,将直流电变成可变电压和可变频率的交流电。由于采用微处理器编程的正弦脉宽调制(SPWM)方法,使输出波形近似正弦波,所以变频器可用于驱动异步电动机,实现无级调速,对电动机实现自动、平滑的增速或者减速。变频器还有很多项保护功能,如过流、过压、过载保护等。

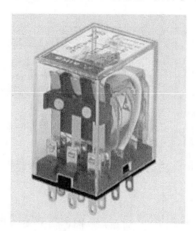

图2-6 继电器

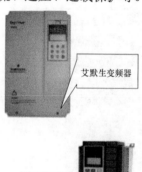

艾默生变频器

富士变频器

图2-7 变频器

5. 识读安全回路电气元件

安全回路电气元件如表2-2所示。

表2-2 安全回路电气元件

图示	名称	位置	功能及注意事项
	上极限开关、下极限开关	井道部分	电梯在运行过程中出现冲顶事故,触碰极限开关后,电梯将停止运行。 注意:接触电阻≤0.1 Ω

续表

图示	名称	位置	功能及注意事项
	底坑缓冲器开关	底坑部分	电梯在运行过程中发生蹲底事故,缓冲器在释放能量的过程中会触碰缓冲器开关,使抱闸吸合,曳引机停止运行。 注意:接触器电阻≤0.1 Ω
	限速器张紧轮开关	底坑部分	在限速器钢丝绳断开的情况下,张紧轮配重在重力的作用下触发安全开关,使电梯停止运行。 注意:接触器电阻≤25 Ω
	底坑急停开关	底坑部分	在进入底坑维修前,应按下底坑急停按钮,使电梯无法运行,方可进入底坑进行作业。 注意:接触器电阻≤50 Ω
	电梯控制柜急停开关	机房部分	按下此急停开关后,电梯将无法运行。此开关一般在为电梯做维保、检修时使用。 注意:接触器电阻≤50 Ω
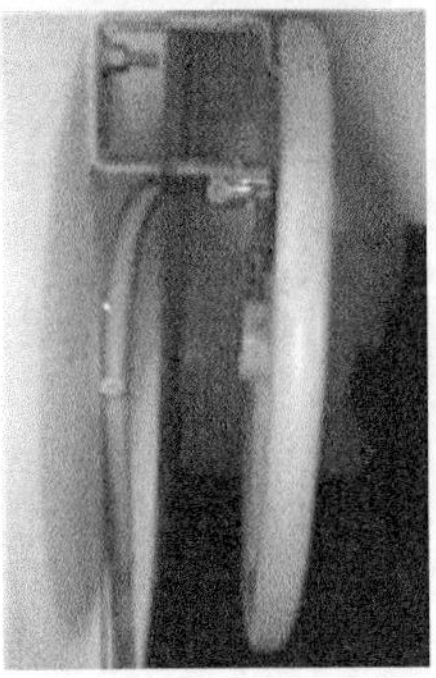	盘车手轮开关	机房部分	当在进行盘车操作时,盘车手轮开关会处于开路状态,电梯将无法运行。 注意:接触器电阻≤100 Ω

续表

图示	名称	位置	功能及注意事项
	限速器超速开关	机房部分	当电梯运行速度超过额定速度的15%时,限速器开关将动作,使安全回路处于开路状态,电梯将停止运行。 注意:接触器电阻≤0.3Ω
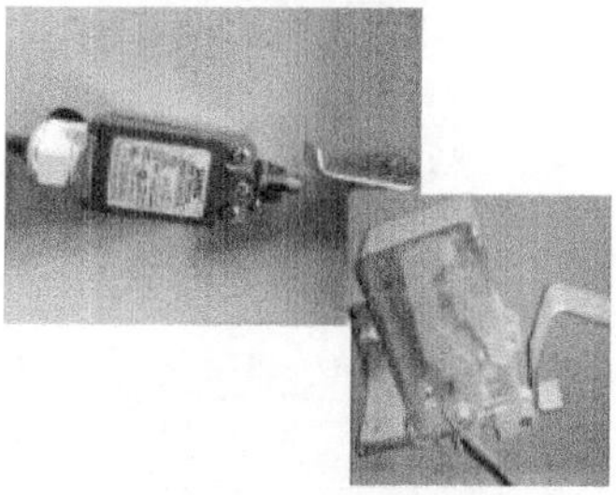	轿顶安全钳开关	轿顶部分	当电梯下行超速时,限速器钢丝绳会通过轿顶联动装置触发安全钳电气开关和机械楔块动作,从而为电梯制动。 注意:接触器电阻≤25Ω
	轿顶急停开关	轿顶部分	在进入轿顶作业前,应按下轿顶急停按钮,电梯在无法运行的前提下方可进入轿顶。 注意:接触器电阻≤50Ω
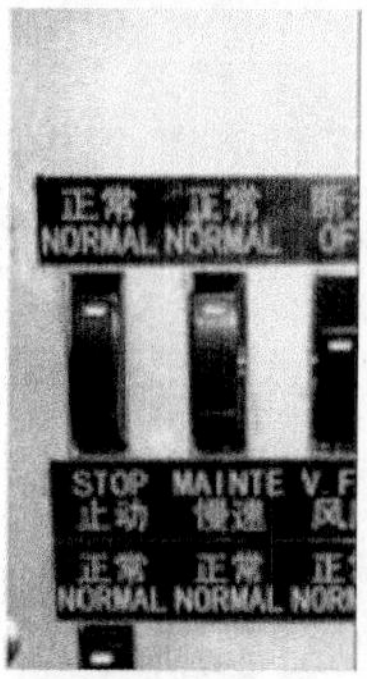	轿厢急停开关	轿厢部分	按下此急停开关,电梯将无法运行。此开关一般在为电梯做维保、检修时使用。 注意:接触电阻≤50Ω

任务3　规范的机房作业

任务描述

通过学习，学生能掌握机房的电源结构和安全的机房操作方法。

教学准备

资料准备：工作页。
工具准备：安全帽、安全带、安全鞋、工作服、警戒线护栏、安全警示牌。

工作步骤

步骤1：自身穿戴安全防护设备。
（1）戴安全帽。
（2）穿工作服。
（3）穿工作鞋。
（4）系挂安全带。
步骤2：对电梯进行警戒。
（1）在基站放置安全警戒线。
（2）在工作楼层放置"有人维修　禁止操作"的警示牌。
步骤3：进行机房安全操作。
（1）侧身断电。
（2）确认断电。
（3）挂牌上锁。
步骤4：填写工作页。

知识链接

电梯的动力电源一般为三相五线 380 V/50 Hz，照明电源为交流单相 220 V/50 Hz。电梯内设一个电源控制箱（图2-8），一般由三个断路器构成。其中，电源断路器负责给电梯控制柜（图2-9）供电，轿厢照明断路器负责给轿厢照明电路供电，井道照明断路器负责给井道照明电路供电。检修时，箱体可以上锁，防止意外送电。

1. 可切断电梯电源的主开关

每台电梯都单独装设一只能切断该电梯所有供电电路的电源开关。该开关应具有切断电梯正常使用情况下最大电流的功能。该开关不应该切断的供电电路有：轿厢照明和通风；轿顶电源插座；机房和滑轮间照明；机房、滑轮间和底坑电源插座；电梯井道照明；报警装置。

图 2-8 电源控制箱

图 2-9 电梯控制柜

2. 三相五线制供电方式

我国的供电系统过去一般采用中性点直接接地的三相四线制，但是从安全防护方面考虑，电梯的电气设备还应采用接零保护。在中性点接地系统中，当一相接地时，接地电流成为很大的单相短路电流，保护设备能准确而迅速地动作切断电流，从而保障人身和设备安全。接零保护的同时，地线要在规定的地点采取重复接地。重复接地是将地线的一点（或多点）通过接地体与大地再次连接。在电梯安全供电现实情况中，还存在一定的问题，有的引入电源为三相四线，到电梯机房后，将中性线与保护地线混合使用；有的用敷设的金属管外皮作中性线使用，这是很危险的，容易造成触电或损害电气设备。在电梯中应采用三相五线制供电方式，直接将保护地线引入机房。三相分别是 L1、L2、L3；五线是指三条相线、一条工作中性线、一条保护中性线。

3. 机房工作步骤

1）实训前准备

（1）维护保养人员在进行工作之前，必须要身穿工作服，头戴安全帽、脚穿防滑电工鞋，如果进出轿顶，还必须系挂安全带。

（2）维修保养人员在检修电梯时，必须在维修保养的电梯基站和相关层站门口放置警戒护栏和安全警示牌，防止无关人员进入电梯轿厢或井道。

2）通电运行

开机时，应先确认操纵箱、轿顶电器箱、底坑检修箱的所有开关正常位置，并告知其他人员，然后按以下顺序合上各电源开关：

（1）合上机房的三相动力电源开关（AC 380 V）。

（2）合上照明电源开关（AC 220 V）。

（3）将电梯控制柜内的断路器开关置于"ON"位置。

3）断电挂牌上锁

（1）侧身断电：操作者站在电源控制箱侧边，先提醒周围人员注意避开，然后确认开关位置，伸手拿住开关，偏过头部，眼睛不可以看开关，然后拉闸断电。

（2）确认断电：验证电源是否被完全切断。用万用表对主电源相与相之间、相与对地之间验证，在确认断电后，对电梯控制柜中的主电源线进行验证，以及对变频器的断电进行验证。

（3）挂牌上锁：确认完成断电工作后，挂上"维修中"的警示牌，将配电箱锁上，就可以安全地开展工作了。

4. 机房安全操作注意事项

（1）进入机房的时候，打开顶灯，并将身后的自闭门固定；离开机房时，进行相反操作。

（2）对带电电梯控制柜进行检验或在其附近作业的时候，要提高警惕。

（3）在转动设备（如电动机）旁边作业时，一定要小心，要警惕（或去除）容易造成羁绊的物件，且不要穿戴容易卷入转动设备的服饰。

（4）对于多轿厢作业，要首先找到所保养轿厢的断电开关，在切断电源之前，要仔细考虑操作过程。

（5）切记不能用抹布擦拭曳引机绳，抹布可能会被破损的曳引机绳挂住，造成人体卷进绳轮或缆绳保护器。

（6）电梯运转时，千万不能对反馈测速仪进行擦拭、调整或移动。如果在运转过程中擅动测速仪，很可能会造成电梯过速。

（7）如果感觉制动轮可能过热，则应将电梯停转，进行过热检查。

（8）检查发电机或发动机的时候，务必首先切断电源。要等限速器完全停转后，才开始工作。

（9）在进行挂牌上锁程序前，必须确定操作者身上无外露的金属，以防止短路。

（10）在拉闸瞬间，可能产生电弧。一定要侧身拉闸，以免对操作者造成伤害。

（11）电源开关在断相情况下，设备仍可能带电；另外，检查相与相是为了避免接地被悬空。所以，对主电源相与相之间、相与地之间都必须进行检查。

（12）进行上锁、挂牌。钥匙必须本人保管，不得给他人。

（13）完成工作后，由上锁者本人开启自己的锁具。如果两个（或两个以上）人员同时挂牌上锁，一般由最后开锁的人进行恢复，注意应侧身上电。

任务4　正确实施触电急救

任务描述

通过学习，学生能掌握触电急救基本原则，并能在危机情况下进行初步现场急救。

教学准备

资料准备：工作页。
工具准备：安全帽、安全带、安全鞋、工作服、干燥木棍、心肺复苏模拟人。

工作步骤

步骤1：自身穿戴安全防护设备。
（1）戴安全帽。
（2）穿工作服。
（3）穿工作鞋。
步骤2：对触电情况进行急救。
（1）断电。
（2）用干燥木棍（或绝缘体）将触电设备与伤者分离。
（3）判断伤者有无意识。
（4）对应伤者状况进行急救。
（5）如果伤势严重，则拨打急救电话。
步骤3：填写工作页。

知识链接

1. 急救原则

现场急救的原则是：迅速、就地、准确、坚持。
（1）迅速。要动作迅速，切不可惊慌失措，要争分夺秒、千方百计地使触电者脱离电源，并将触电者移到安全的地方。
（2）就地。要争取时间，在现场（安全地方）就地抢救触电者。
（3）准确。抢救的方法和施行的动作、姿势要正确。
（4）坚持。坚持就是触电者复生的希望，百分之一的希望也要尽百分之百的努力。在抢救过程中，如果发现触电者皮肤由紫变红，瞳孔由大变小，则说明抢救收到了效果。如果医务人员判定触电者已经死亡，再无法抢救时，才能停止抢救。

2. 脱离电源

1）脱离低压电源的方法
（1）断开触电地点附近的电源开关。但应注意，普通的电灯开关只能断开一根导线，有时由于安装不符合标准，可能只断开零线，而不能断开电源，因此人体触及的导线仍然带电，不能认为已切断电源。
（2）如果距开关较远，或者断开电源有困难，可用带有绝缘柄的电工钳、或有干燥木柄的斧头、铁锹等利器将电源线切断，此时应防止带电导线断落、触及其他人体。
（3）当导线搭落在触电者身上或压在身下时，可用干燥的木棒、竹竿等挑开导线，或用干燥的绝缘绳索套拉导线或触电者，使其脱离电源。

(4) 如触电者由于肌肉痉挛，手指紧握导线不放松或导线缠绕在身上时，可首先用干燥的木板塞进触电者身下，使其与地绝缘，然后再采取其他办法切断电源。

(5) 只有触电者的衣服是干燥的，且没有紧缠在身上，不至于使救护人员直接触及触电者的身体时，救护人员才可以用一只手抓住触电者的衣服，将其拉脱电源。

(6) 救护人员可用几层干燥的衣服将手裹住，或者站在干燥的木板、木桌椅或绝缘橡胶垫等绝缘物上，用一只手拉触电者的衣服，使其脱离电源。千万不要赤手直接去拉触电者，以防造成群伤触电事故。

2) 脱离高压电源的方法

(1) 立即通知有关部门停电。

(2) 戴上绝缘手套，穿上绝缘鞋，使用相应电压等级的绝缘工具，拉开高压跌开式熔断器或高压断路器。

(3) 抛掷裸金属软导线，使线路短路，迫使继电保护装置动作，切断电源，但应保证抛掷的导线不触及触电者和其他人。

3) 注意事项

(1) 应防止触电者脱离电源后可能出现的摔伤事故。当触电者站立时，要注意触电者倒下的方向，防止摔伤；当触电者位于高处时，应采取措施，防止其脱离电源后坠落摔伤。

(2) 若未采取任何绝缘措施，则救护人员不得直接接触触电者的皮肤和潮湿衣服。

(3) 救护人员不得使用金属和其他潮湿的物品作为救护工具。

(4) 在使触电者脱离电源的过程中，救护人员最好用一只手操作，以防救护人触电。

(5) 夜间发生触电事故时，应解决临时照明问题，以便在切断电源后进行救护，同时应防止出现其他事故。

3. 现场对症救治

1) 触电者所受伤害不太严重

如果触电者神志清醒，只是有些心慌、四肢发麻、全身无力，一度昏迷，但未失去知觉，此时应使触电者静卧休息、不要走动，并严密观察。如果在观察过程中，发现触电者呼吸（或心跳）很不规律，甚至接近停止，应赶快进行抢救，请医生前来或将触电者送医院诊治。

2) 触电者已失去知觉但尚有心跳和呼吸

如果触电者已失去知觉但尚有心跳，应使其舒适地平躺着，解开其衣服以利呼吸，四周不要围人，保持空气流通，冷天应注意保暖，同时应立即请医生前来或将触电者送医生诊治。若发现触电者呼吸困难或心跳失常，应立即实施人工呼吸及胸外挤压。

3) 对触电"假死"者的急救措施

(1) 开放气道。

由于昏迷的人常常会因舌后坠而造成气道堵塞，因此应将触电者置于平躺的仰卧位，施救者跪在触电者身体的一侧，一手按住其额头向下压，另一手托其下巴向上抬，标准是下颌与耳垂的连线垂直于地平线，这样就说明气道已经被打开。

(2) 人工呼吸。

如果触电者无呼吸，则应立即进行口对口人工呼吸两次，然后摸颈动脉，如果能感觉到搏动，那么对其进行人工呼吸即可。

人工呼吸的方法：最好能找一块干净的纱布或手巾，盖在触电者的口部，防止细菌感染。施救者一手捏住触电者的鼻子，大口吸气，屏住，迅速俯身，用嘴包住患者的嘴，快速将气体吹入。与此同时，施救者应观察触电者的胸廓是否因气体的灌入而扩张，吹气后，松开捏着鼻子的手，让气体呼出，这样就完成了一次呼吸过程。按此步骤，平均每分钟完成 12 次人工呼吸。

(3) 胸外心脏按压。

如果对触电者进人工呼吸行一分钟后，还是没有触及搏动，则进行胸外心脏按压。

① 胸外心脏按压的方法。施救者先要找到按压的部位：沿着最下缘的两侧肋骨从下往身体中间摸到交接点（即剑突），以剑突为点向上在胸骨上定出两横指的位置，也就是胸骨的中下三分之一交界线处，这里就是实施点。施救者以一手叠放于另一手手背，十指交叉，将掌根部置于刚才找到的位置，依靠上半身的力量垂直向下压，胸骨的下陷距离约 4~5 cm，双手臂必须伸直，不能弯曲，压下后迅速抬起，频率控制在 80~100 次/min。

② 注意事项：必须控制力道，不可太过用劲。力道太大，就容易引起肋骨骨折，从而造成肋骨刺破心肺肝脾等重要脏器。老人的骨质较脆，要加倍注意。

③ 单人施救和双人施救的比例。单人施救时，每 15 次人工呼吸，就做两次胸外心脏按压；双人施救时，每 10 次人工呼吸，就做两次胸外心脏按压。

④ 停止心肺复苏的指证。在施救的同时，要时刻观察触电者的生命体征。触摸触电者的手足，若温度有所回升，则进一步触摸颈动脉，当发现有搏动，即可停止心肺复苏，尽快把触电者送往医院，进行进一步的治疗。

思考与练习

请完成以下电梯维护保养项目：
（1）主电动机工作电流的检测、调整、维修及更换。
（2）电梯控制柜接触器、继电器触点的检查（检测）、调整、维修及更换。
（3）电梯控制柜内各接线端子的检查（检测）、调整、维修及更换。
（4）电梯控制柜各仪表的检查（检测）、调整、维修及更换。

电梯维护与保养

工作页与考核评价表

任务1　正确选择与使用仪表——工作页

班级_____姓名_____日期_____成绩_____

1. 标出图中各部分的名称及功能。

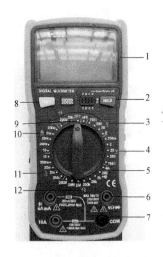

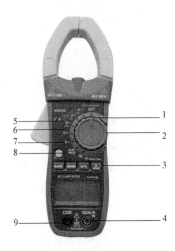

2. 在断电状态下，正确利用上述仪表测量电梯控制柜内电阻的阻值，并测量部分接触器线圈、部分导线的绝缘性。

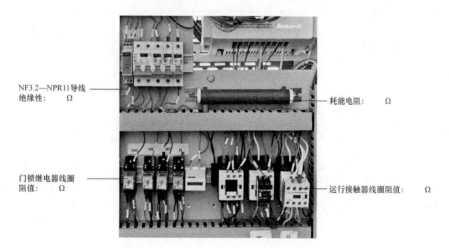

任务 1 正确选择与使用仪表——考核评价表

班级_____姓名_____日期_____成绩_____

序号	教学环节	参与情况	考核内容	教学评价	
				自我评价	教师评价
1	明确任务	参　与【　】 未参与【　】	领会任务意图		
			掌握任务内容		
			明确任务要求		
2	搜集信息	参　与【　】 未参与【　】	研读学习资料		
			搜集数据信息		
			整理知识要点		
3	填写工作页	参　与【　】 未参与【　】	明确工作步骤		
			完成工作任务		
			填写工作内容		
4	展示成果	参　与【　】 未参与【　】	聆听成果分享		
			参与成果展示		
			提出修改建议		
5	整理笔记	参　与【　】 未参与【　】	聆听任务解析		
			整理解析内容		
			完成学习笔记		
6	完善工作页	参　与【　】 未参与【　】	自查工作任务		
			更正错误信息		
			完善工作内容		
备注	请在"教学评价"栏中填写 A、B 或 C。A—能；B—勉强能；C—不能				
学生心得					
教师寄语					

任务 2　识读电梯基础电气元件——工作页

班级_____　姓名_____　日期_____　成绩_____

1. 请准确写出 4 个电梯控制柜内该元件的名称和功能。

2. 请准确写出 3 个电梯控制柜内该元件的名称和功能。

3. 请写出该元件的所在位置及功能。

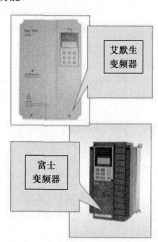

4. 请写出下列元件的名称、位置和功能。

图示	名称	位置	功能

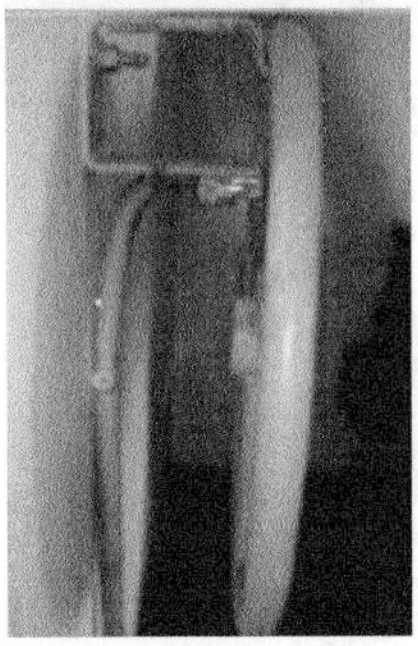			
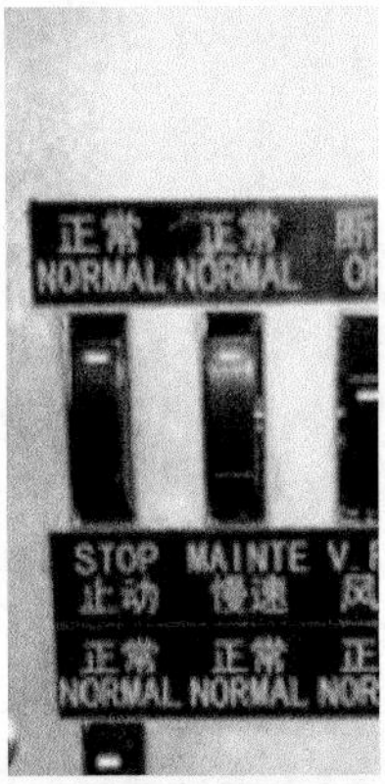			

续表

图示	名称	位置	功能
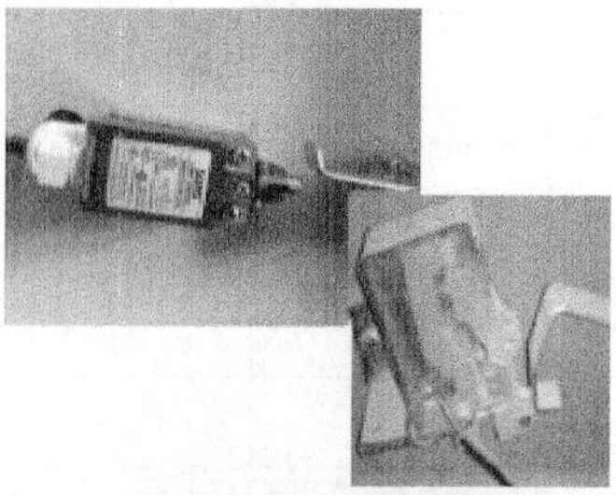			

任务 2　识读电梯基础电气元件——考核评价表

班级＿＿＿＿＿＿＿　姓名＿＿＿＿＿＿＿　日期＿＿＿＿＿＿＿　成绩＿＿＿＿＿＿＿

序号	教学环节	参与情况	考核内容	教学评价	
				自我评价	教师评价
1	明确任务	参　与【　】 未参与【　】	领会任务意图		
			掌握任务内容		
			明确任务要求		
2	搜集信息	参　与【　】 未参与【　】	研读学习资料		
			搜集数据信息		
			整理知识要点		
3	填写工作页	参　与【　】 未参与【　】	明确工作步骤		
			完成工作任务		
			填写工作内容		
4	展示成果	参　与【　】 未参与【　】	聆听成果分享		
			参与成果展示		
			提出修改建议		
5	整理笔记	参　与【　】 未参与【　】	聆听任务解析		
			整理解析内容		
			完成学习笔记		
6	完善工作页	参　与【　】 未参与【　】	自查工作任务		
			更正错误信息		
			完善工作内容		
备注	请在"教学评价"栏中填写 A、B 或 C。A—能；B—勉强能；C—不能				
学生心得					
教师寄语					

任务3 规范的机房作业——工作页

班级_____ 姓名_____ 日期_____ 成绩_____

1. 请简述机房作业前的安全准备有哪些，并进行实际操作。

2. 请简述机房作业上电操作步骤及其注意事项，并进行实际操作。

3. 请简述机房作业断电操作步骤及其注意事项，并进行实际操作。

任务 3 规范的机房作业——考核评价表

班级_____姓名_____日期_____成绩_____

序号	教学环节	参与情况	考核内容	教学评价	
				自我评价	教师评价
1	明确任务	参　与【　】 未参与【　】	领会任务意图		
			掌握任务内容		
			明确任务要求		
2	搜集信息	参　与【　】 未参与【　】	研读学习资料		
			搜集数据信息		
			整理知识要点		
3	填写工作页	参　与【　】 未参与【　】	明确工作步骤		
			完成工作任务		
			填写工作内容		
4	展示成果	参　与【　】 未参与【　】	聆听成果分享		
			参与成果展示		
			提出修改建议		
5	整理笔记	参　与【　】 未参与【　】	聆听任务解析		
			整理解析内容		
			完成学习笔记		
6	完善工作页	参　与【　】 未参与【　】	自查工作任务		
			更正错误信息		
			完善工作内容		
备注	请在"教学评价"栏中填写 A、B 或 C。A—能；B—勉强能；C—不能					
学生心得					
教师寄语					

任务 4　正确实施触电急救——工作页

班级_____ 姓名_____ 日期_____ 成绩_____

1. 触电后的急救原则是什么？

2. 请简述触电后的急救步骤。

3. 请简述对触电"假死"者的急救方法，并做单人急救的实践操作。

任务 4 正确实施触电急救——考核评价表

班级_____ 姓名_____ 日期_____ 成绩_____

序号	教学环节	参与情况	考核内容	教学评价	
				自我评价	教师评价
1	明确任务	参 与【 】 未参与【 】	领会任务意图		
			掌握任务内容		
			明确任务要求		
2	搜集信息	参 与【 】 未参与【 】	研读学习资料		
			搜集数据信息		
			整理知识要点		
3	填写工作页	参 与【 】 未参与【 】	明确工作步骤		
			完成工作任务		
			填写工作内容		
4	展示成果	参 与【 】 未参与【 】	聆听成果分享		
			参与成果展示		
			提出修改建议		
5	整理笔记	参 与【 】 未参与【 】	聆听任务解析		
			整理解析内容		
			完成学习笔记		
6	完善工作页	参 与【 】 未参与【 】	自查工作任务		
			更正错误信息		
			完善工作内容		
备注	请在"教学评价"栏中填写 A、B 或 C。A—能；B—勉强能；C—不能					
学生心得					
教师寄语					

项目三
曳引系统的维护与保养

教学目标

- 了解电梯曳引系统的结构。
- 理解电梯曳引系统的工作原理。
- 掌握电梯在曳引系统的维护保养过程中应该注意的事项。

任务 1　维护与保养曳引电动机

任务描述

通过学习,学生能掌握曳引电动机的检查方法,并明确曳引电动机的维保内容和方法。

教学准备

资料准备:工作页。

工具准备:安全帽、安全带、安全鞋、工作服、警戒线护栏、安全警示牌、兆欧表、吹风筒、钳形电流表、塞尺、梅花扳手。

工作步骤

步骤 1:前期工作。
(1)检查是否做好了电梯维保的警示及相关安全措施。
(2)向相关人员(如管理人员、乘客或司机)说明情况。
(3)按规范做好维保人员的安全保护措施。
(4)准备相应的维保工具。

步骤 2:对曳引电动机进行维护与保养。
(1)维保人员整理、清点维保工具与器材。
(2)放置"有人维修　禁止操作"的警示牌。
(3)将轿厢运行到基站。
(4)到机房将选择开关置于检修状态,并挂上警示牌。
(5)完成维保工作后,将检修开关复位,并取走警示牌。

步骤 3:填写工作页。

知识链接

1. 曳引电动机的检查

曳引电动机如图 3-1 所示。

(1)检查电动机的绝缘电阻。用绝缘电阻表测量电动机每相绕组之间和每相绕组对地(即对机壳)的绝缘电阻,如果低于 0.5 MΩ,则对电动机绕组作绝缘干燥处理。

(2)用钳形电流表测量电动机在高、低速时的电流值是否符合要求,三相电流是否平衡;用电压表测量电动机的电源电压是否符合要求。

(3)电动机应保持清洁,防止水和油污浸入内部。每周用吹风筒吹净电动机内部和换向器线圈连接与引出线的灰尘。

图 3-1 曳引电动机

(4) 检查电动机油槽的油位,保持油位在油位线以上,否则,应补注油。还要检查油的清洁度,一旦发现有杂质,应及时清洗换油。换油时,应先将原有油全部放完,并用煤油将油槽清洗干净,再注入同规格的新油。

(5) 注意检查电动机运转时的声音。电动机在运转时,应无大的噪声。如果发现有异常声响,要及时停机检查。如果发现电动机各部分振幅及轴向窜动超过表 3-1 和表 3-2 的规定,且声音不正常,则应检查原因、进行修理或更换零件。若轴承磨损过大,定子与转子间径向气隙最大偏差超过 0.2 mm,则应更换轴承。

表 3-1 曳引电动机振幅允许值

电动机转速/(r·min^{-1})	1 000	<750
振幅允许值/mm	0.13	0.16

表 3-2 滑动轴承电动机振幅及轴向允许窜动量

电动机功率/kW	≤10	10~20	>30
滑动轴承电动机振幅及轴向允许窜动量(单面)/mm	0.50	0.74	1.00

(6) 电动机与底座的紧固螺栓应紧固。对于有减速器的曳引电动机,其电动机轴与蜗杆同轴。若刚性连接,则不同轴度应不大于 0.02 mm;若弹性连接,则不同轴度应不大于 0.1 mm。

2. 曳引电动机的维保内容及方法(表 3-3)

表 3-3 曳引电动机的维保内容及方法

序号	部位	维保内容	维保周期
1	电动机滚动轴承	补充注油	每半个月
2	电动机滚动轴承	清洗换油	每年
3	电动机滑动轴承	补充注油	每半个月

续表

序号	部位	维保内容	维保周期
4	电动机运行噪声	应无异常噪声	每半个月
5	电动机电源	测量电动机电源引入线电压应为额定电压的±7%	每半个月
6	电动机绝缘电阻	测量电动机每相绕组之间和每相绕组对地的绝缘电阻应大于 0.5 MΩ	每半个月

3. 曳引电动机的日常维保

（1）保持机房的清洁和干燥。

（2）保持曳引电动机表面的清洁。

（3）定期检查曳引电动机各部分的工况。尤其注意制动器及电动机异常高温情况，一旦发现，应及时与厂家联系解决。

（4）轴承注油。通过加油孔，采用黄油枪进行注油，每一年补充一次油脂。

（5）保持制动瓦（闸瓦）与制动轮（抱闸轮）之间清洁，不能沾有油污和其他杂质，以免引起制动系统制动力（抱闸制动力）的下降。

4. 注意事项

（1）永磁同步曳引电动机的拆装必须由经过培训的专业人员进行。擅自拆装永磁同步曳引电动机，有可能导致曳引电动机损毁和人员伤害事故。

（2）曳引电动机的工作温度不得超过 100 ℃。可通过电动机内的热敏电阻元件，配接适当的温度监控器来实现监控。当温度达到 100 ℃时，应停止曳引电动机工作。

（3）永磁同步曳引电动机在被动条件下旋转，则处于发电状态，此时将在电动机端子产生较高电压，应注意避免人员触电或引起外部设备损坏。

（4）制动瓦（闸瓦）与抱闸轮（抱闸轮）之间应避免沾有油污及其他杂质，以免引起制动系统制动力（抱闸制动力）的下降。

任务 2　维护与保养减速箱

任务描述

通过学习，学生能掌握减速箱的检查内容和减速箱的维保内容及方法。

教学准备

资料准备：工作页。

工具准备：安全帽、安全带、安全鞋、工作服、警戒线护栏、安全警示牌、塞尺、梅花扳手。

工作步骤

步骤 1：前期工作。
（1）检查是否做好了电梯维保的警示及相关安全措施。
（2）向相关人员（如管理人员、乘客或司机）说明情况。
（3）按规范做好维保人员的安全保护措施。
（4）准备相应的维保工具。
步骤 2：对减速箱进行维护与保养。
（1）维保人员整理清点维保工具与器材。
（2）放置"有人维修　禁止操作"的警示牌。
（3）将轿厢运行到基站。
（4）到机房将选择开关置于检修状态，并挂上警示牌。
（5）完成维保工作后，将检修开关复位，并取走警示牌。
步骤 3：填写工作页。

知识链接

1. 减速箱的检查

（1）检查减速箱在运行时是否平稳，有无撞击声和振动。用温度计测量减速箱内各机件和轴承的温度，在正常运行条件下，减速箱各机件及轴承的温度不得超过 70 ℃，减速箱中的油温不得超过 85 ℃。当轴承发出不均匀的噪声、撞击声或温度过高时，应及时处理。

（2）停机，打开箱盖，用手转动电动机，检查减速器蜗轮与蜗杆啮合是否正常、两者有无撞击，有无产生轮齿磨损。

（3）检查减速箱内润滑油的质量是否符合规格；油量是否保持在油针或油镜的标定规范，如果发现已变质或有金属颗粒，应及时换油。

（4）检查轴承、箱盖、油盖窗及轴头处等结合部位有无漏油现象。一旦发现漏油，应根据情况及时处理并补充规格相同的润滑油。

（5）检查与减速箱相连的其他部件，在配合上有无松动或有无损坏现象。

2. 减速箱的维保内容及方法

（1）当发现减速箱内的蜗轮与蜗杆啮合轮齿间隙超过 1 mm，并在运转中产生猛烈撞击时，或轮齿磨损量达到原齿厚的 15% 时，应予以更换。为了保证啮合性，蜗轮与蜗杆应成对更换。

（2）换油。
① 更换相同规格的润滑油，绝不允许两种以上的润滑油混合使用。
② 一般每年更换一次润滑油。对新安装的电梯，在半年内应检查减速箱内的润滑油，如果发现油内有杂质，应更换新油。
③ 润滑油的加入要适量，若油过多，就会引起发热，并使油快速变质，不能使用。

油位的合理高度是：当蜗杆在下面时，油最高浸到蜗杆的中心，最低浸到蜗杆齿高；当蜗杆在上面时，油最高浸到蜗轮直径的1/6，最低浸到蜗轮齿高。

④ 换油时，先把减速箱清洗干净，在加油口放置过滤网，油经滤网过滤再注入，以保持油的清洁度。

⑤ 向滚动轴承注入轴承润滑脂（钙基润滑脂），必须填满轴承空腔的2/3。通常，每月加一次，每年清洗更换一次。

（3）经常检查轴承、箱盖、油窗盖等结合部位有无漏油。

① 蜗杆轴承漏油是常见的问题，轴承部位漏油时，应及时更换油封。

② 安装油封时应注意：密封卷的唇口应向内，压紧螺栓交替地拧紧，使压盖均匀地压紧油封；安装羊毛毡卷前，必须用机油浸透，这样做既可以减小毡卷与轴颈的摩擦，又可以提高密封性能。

③ 当箱盖或油窗盖漏油时，可更换纸垫或在结合面涂一薄层透明漆油。不管用什么方法处理，都必须拧紧螺栓。

（4）蜗轮齿卷与轮筒的连接必须精心检查，螺母无移位，轮筒与主轴的配合连接无松动，并用手锤检查轮筒有无裂纹。

（5）由于电梯频繁换向、变速时会有较大的冲击，因此推力轴承（或滚珠轴承）易于磨损。在蜗轮副磨损后，轴向间隙会增大，轴向窜动会超差，则应按照表3-4所示的标准进行检查，根据需要来更换中心距调整垫片、轴承盖调整垫片或更换轴承。

表3-4 减速箱蜗杆轴向游隙表　　　　　　　　　　　　　　　　mm

梯种	客梯	货梯
蜗杆轴向游隙	<0.08	<0.12

减速箱的具体维保内容及方法见表3-5。

表3-5 减速箱的具体维保内容及方法

序号	部位	维保内容	维保周期
1	油箱	为第一次安装使用的电梯换油	每半年
2		适时更换，保证油质符合要求	每年
3	蜗轮轴滚动轴承	补充注油	每半月
4		清洗换油	每年
5	轴承、箱盖、油盖窗等结合部位	检查漏油	每季度
6	蜗轮与蜗杆	检查蜗轮与蜗杆啮合轮齿侧间隙和轮齿磨损量	每半月
7	蜗杆轴	检查蜗杆轴向游隙	每半月

任务3　调节制动器制动瓦间隙

🔄 任务描述

通过学习，学生能掌握对制动器的制动瓦间隙进行测量，并具备调整制动器的制动瓦间隙的能力。

🔄 教学准备

资料准备：工作页。

工具准备：安全帽、安全带、安全鞋、工作服、警戒线护栏、安全警示牌、塞尺、梅花扳手、内六角扳手。

🔄 工作步骤

步骤1：前期工作。
（1）检查是否做好了电梯维保的警示及相关安全措施。
（2）向相关人员（如管理人员、乘客或司机）说明情况。
（3）按规范做好维保人员的安全保护措施。
（4）准备相应的维保工具。
步骤2：对制动器制动瓦间隙进行测量和调整。
（1）维保人员整理清点维保工具与器材。
（2）放好"有人维修　禁止操作"的警示牌。
（3）将轿厢运行到基站。
（4）到机房将选择开关置于检修状态，并挂上警示牌。
（5）完成维保工作后，将检修开关复位，并取走警示牌。
步骤3：填写工作页。

📝 知识链接

1. 制动器的作用

制动器是一台电梯不可缺少的、非常重要的安全装置，其作用可归纳为以下两点：
（1）能够使运行中的电梯在切断电源时自动将电梯轿厢制停。制动时，电梯的减速度应不大于限速器动作所产生的（或轿厢停止时在缓冲器上所产生的）减速度。电梯正常使用时，电梯的速度 $v=1\mathrm{m/s}$，一般通过电气控制来使其减速停止，然后机械抱闸。
（2）电梯停止运行时，制动器应能保证在 125%～150% 的额定载荷情况下，电梯保持静止、位置不变，直到工作时才松闸。

2. 制动器的结构

电梯一般采用长闭式双瓦块型直流电磁制动器，即使交流电梯也配备直流电磁制动器，其直流电源由专门的整流装置供电。无论是用在无齿轮曳引电动机上，还是用在有齿轮曳引电动机上，制动器都由压力弹簧、制动带、制动铁芯、制动臂等零件组成。

（1）压力弹簧的作用。压力弹簧主要是在电梯停止时进行机械制动。弹簧压力调整的大小，直接影响乘坐电梯的舒适感。如果压力太大，则制动过猛，造成轿厢振动，舒适感差；如果压力过小，则造成溜车平层不准确。因此，弹簧压力的调整应根据轿厢的载荷情况而定。需反复调试，直到满意为止。

（2）制动带（抱闸皮）的作用及更换。制动带与制动轮摩擦产生制动力，使电动机停止运转。磨损严重时，即超过制动带原厚度的 1/4 或铆钉头欲露出时，应及时更换，防止铆钉与制动轮摩擦打滑而导致制动失灵。

（3）制动铁芯的作用。制动铁芯（电磁铁）的作用是打开抱闸。电磁铁有交流电磁铁、直流电磁铁之分。直流电磁铁结构简单、噪声小、动作平稳，目前电梯一般都采用直流电磁铁。

（4）制动臂的作用。制动臂的作用是传递制动力、带动制动带。当铁芯断电时，制动臂带动制动带，紧密地贴合在制动轮的工作面上。制动轮与制动带的接触面积应大于制动带面积的 80%，两侧制动带应同时离开和抱紧制动轮。制动臂打开时，其制动轮与制动带之间的距离应均匀。

3. 制动装置的技术要求

制动装置必须灵活可靠。闸瓦应当紧密地贴合于制动轮的工作表面，当松闸时，闸瓦应同时离开制动轮的工作表面，不得有局部磨损，其松开间隙应不大于 0.7 mm，且四周间隙数值应均匀相等；当周围环境温度为 40 ℃且额定电压及通电持续率为 40%时，温升应不超过 80 ℃；电磁制动器电磁线圈的接头应无松动现象，电磁线圈外部应有良好的绝缘，以防短路；电磁制动器的销闸必须自由转动且润滑良好，电磁铁工作时，应无卡阻现象；制动瓦衬料应无油腻或油漆；电磁制动器弹簧应在满载下降时能提供足够的制动力，使轿厢迅速停止，在满载上升时制动平缓，能平滑地从满速过渡到平层速度。

4. 调节制动瓦间隙的所需工具

在调节制动器制动瓦间隙时，主要用到的工具有梅花扳手和塞尺，制动瓦间隙如图 3-2 所示。

图 3-2 制动瓦间隙

塞尺又称测微片或厚薄规，是用于检验间隙的测量器具。塞尺一般由不锈钢制造，为一系列厚薄不同的钢片，最薄的为 0.02 mm，最厚的为 3 mm。0.02～0.1 mm 规格的各钢片厚度差为 0.01 mm；0.10～1 mm 规格的各钢片厚度级差一般为 0.05 mm；1 mm 以上规格的各钢片的厚度级差为 1 mm。

塞尺的使用要求如下：

（1）塞尺片不应有弯曲、油污现象。

（2）使用前，必须将塞尺擦干净并校正平直。

（3）每次使用完，须擦拭防锈油后存放。

（4）测量的间隙按各片的标志值计算。

5. 日常维护的注意事项

1）日常维护

（1）保持机房的清洁和干燥。

（2）保持曳引电动机表面清洁。

（3）保持定期检查，主要检查制动瓦灵活性、制动带磨损情况、制动轮磨损情况、轴承工作情况等。必要时，更换磨损及损坏的部件。

（4）对于制动臂各转动关节处，每月注油一次。

（5）对于轴承，可以通过前后盖的油杯定期进行润滑（至少一年注油一次）。

（6）每半年至少对制动器进行解体及清理一次。

2）注意事项

（1）定期检查曳引电动机各部分工况。尤其注意电磁制动器及电动机异常高温情况，一旦发现，应及时处理。

（2）轴承部件如果需注油，则应通过加油孔采用黄油枪进行注油，每年补充一次油脂。

（3）保持制动带与制动轮之间清洁，不能沾有油污和其他杂质，以免引起制动系统制动力的下降。

6. 无齿轮永磁同步曳引电动机抱闸（制动瓦）调整

1）无齿轮永磁同步曳引机抱闸拆卸

（1）利用活动扳手卡在制动臂顶杆上的平切位置（图 3-3），将制动臂顶杆松开（图 3-4），将顶杆与弹簧、标尺从制动臂中取出，将拆下的制动臂及调节螺杆小心摆放在地上（图 3-5），调节螺杆上的锁紧螺母位置可以先保持不动；检查制动臂的制动带磨损情况，如果制动带的厚度小于 3.5 mm，则应予更换。

图 3-3 制动臂顶杆

图 3-4 松开制动臂顶杆

图 3-5 拆卸后的制动臂

（2）将抱闸动作检测开关连接线拆除，用内六角扳手将抱闸磁芯盖松开，如图 3-6 所示。

（3）将抱闸磁芯小心取出（图 3-7），用干净抹布进行清洁。

（4）重复上述工作，将另一侧的制动臂及抱闸磁芯拆除清洁。

图 3-6　松开抱闸磁芯盖

图 3-7　取出抱闸磁芯

（5）检查制动线圈内部结构的磨损情况并进行清洁。正常情况下，可以看见磁芯的动作痕迹，若痕迹过深而引致抱闸动作不畅顺，则应更换抱闸系统（包括制动线圈及磁芯）。如果磁芯和铜套出现积聚物，则用 0 号砂纸进行打磨。

（6）用抹布擦除（不能用水及黄油）制动器内杂物，清理制动系统后加涂二硫化钼润滑，再按上述工作顺序倒置进行回装并调整。

7. 制动力调整

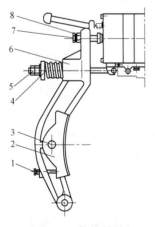

图 3-8　抱闸结构

1—调节螺栓；2—制动瓦；3—销轴；
4—压缩弹簧；5—压紧螺母；6—制动臂；
7—调节螺栓；8—锁紧螺母

抱闸结构如图 3-8 所示。

制动力的调整有以下 3 个方面。

1）制动间隙的调节

当制动瓦制动带与制动轮间的间隙大于 0.7 mm 或制动器抱闸噪声异常增大时，就需要对制动间隙进行调整。具体调整方法：将空轿厢置于最低层，手动松闸，使空轿厢缓慢上行，调节螺栓 1 使制动皮与制动轮间的间隙保持均匀，调节螺栓 7 使其间隙尽量小（以 0.3～0.7 mm 为宜），但又不能使两者之间产生摩擦，可以通过辨别是否有摩擦声来判断。调节完成后，要紧固锁紧螺母 8。调节完一边后，再调节另一边。

2）制动闸瓦的更换

闸瓦为易损件，当其上黏结的制动皮磨损至片厚度为 3.5 mm 时，应更换新的闸瓦。具体更换步骤如下：

（1）将空载轿厢提至最高层，将对重落到缓冲器上。

（2）旋下弹簧压紧螺母，取下弹簧等部件后，将制动臂打开，卸下销轴上的弹簧卡圈，撤出销轴，拿下旧闸瓦，按照上述相反步骤装好新闸瓦后,将制动臂复原。

(3) 将弹簧压紧至原始状态。

注意:更换闸瓦后要将销轴上的弹簧卡圈装好。

更换完一边后,再更换另一边。

3) 制动力的调整

制动系统在出厂前已调整至额定制动转矩,用户一般无须再调整。为满足使用过程中曳引电动机维护保养的需要,现将制动力矩大小的调整方法介绍如下:向内旋紧弹簧压紧螺母 5,压缩弹簧 4 即可增大制动力矩;反之,向外旋松弹簧压紧螺母 5,放松弹簧 4 即可减小制动力矩。

8. T 系列主机双边块式抱闸

1) 蓝光 T 型主机制动器分为 BL 型和 YL 型(蓝光内部型号)

(1) BL 型制动器的紧固件用螺栓,松闸螺栓为银色大螺母,如图 3-9 所示。

(2) YL 型制动器的紧固件内六角螺钉,松闸螺栓为黑色螺母,如图 3-10 所示。

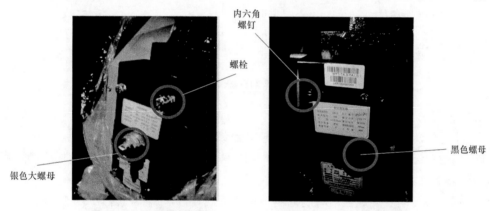

图 3-9 BL 型制动器　　　图 3-10 YL 型制动器

2) 制动器检验标准

(1) 蓝光 T 型主机制动器结构示意如图 3-11 所示。

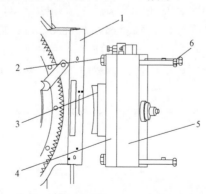

图 3-11 蓝光 T 型主机制动器结构示意

1—机座;2—导向螺套;3—制动带;4—衔铁;5—电枢;6—安装螺栓

（2）BL 型、YL 型制动器的检验标准如表 3-6 所示。

表 3-6　BL 型、YL 型制动器的检验标准

制动器	电枢和衔铁之间的气隙/mm	制动带与制动轮之间的间隙/mm	导向螺套与衔铁面距离/mm（任何条件下不得小于 3 mm）
BL 型	0.4±0.2	0.15±0.04	5
YL 型	0.6±0.2	0.15±0.04	5

3）制动器气隙的调整（以 BL 型制动器为例）

（1）当制动器气隙值不在 0.4±0.2 mm 范围时，调整制动器，步骤如图 3-12 所示。

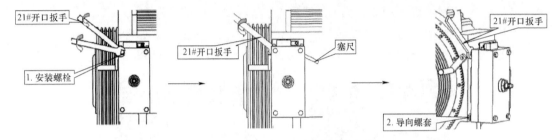

图 3-12　BL 型制动器气隙调整步骤

具体步骤如下：

① 逆时针旋动 4 个安装螺栓，直到导向螺套能转动为止。

② 用 21# 开口扳手逆时针旋动 4 个导向螺套，边调整边用塞尺测量制动器间隙，将气隙调整到 0.4±0.2 mm 即可。

③ 顺时针转动安装螺栓，将制动器与机座紧固连接，调整气隙在 0.4±0.2 mm。

④ 顺时针旋动 4 个导向螺套，使其向机座中心方向顶紧机座安装面。

⑤ 调整完成，检查整个气隙面是否都在允许气隙范围内（0.4±0.2 mm）。如果不满足，就按步骤①～④重新调整。

（2）当制动器气隙值在 0.4±0.2 mm 范围时，调整步骤如下：

① 逆时针松动 4 个安装螺栓，直到能塞入 0.4±0.2 mm 塞尺。

② 顺时针旋动 4 个导向螺套，使其向机座中心方向顶紧机座安装面。

③ 顺时针拧紧 4 个安装螺栓。注意，调整时不能将塞尺夹死，应使 0.4±0.2 mm 塞尺能抽出。

④ 调整完成，检查整个气隙面是否都在允许气隙范围内（0.4±0.2 mm）。如果不满足，就按步骤①～③重新调整。

（3）调整后工作。

① 单臂制动力试验。

参照接线图，给其中一个制动器通电，对另一侧制动器做单臂试验。当在额定负载时，制动轮与闸瓦之间应无打滑现象，此制动器制动力矩满足要求。同理，对另一侧制

动器做单臂制动力矩验证。

4) 制动器拆卸方法

(1) 拆卸曳引电动机制动器时,只要将4个制动器固定螺钉拆下,制动器便可拆下。

(2) 安装制动器时,应先将制动器的4个固定螺钉的位置对好,再安装制动器固定螺钉,并紧固(达到止退扭矩)。

(3) 重新调整开闸间隙与气隙。

曳引电动机、制动器结构示意如图3-13所示。

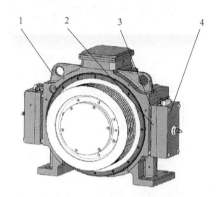

图3-13 曳引电动机、制动器结构示意
1—曳引电动机；2—制动器；3—导向螺套；4—制动器固定螺钉 M10×120

5) 制动器的维护

(1) 因长期使用,制动器的衔铁和电枢气隙有灰尘,应定期用塞尺清除气隙间的灰尘。

(2) 顶杆磨损,导致杠杆的行程不够,开关不动作。将锁紧螺栓 M6×35 的六角螺母松开,旋转 M6×35 的螺栓,向微动开关触点侧微移。

(3) 顶杆螺栓的行程过大,开关不能复位,出现故障。

将锁紧螺栓 M6×35 的六角螺母松开,将杠杆旋转向后微移,然后锁紧六角螺母M6。打开制动器,检查微动开关是否可靠动作,反复检查3~4次,确保微动开关可靠动作后,锁紧 M6 六角螺母。

6) 制动器的常见故障分析及处理

【故障1】制动器开闸时,闸带与制动轮有摩擦现象。

分析及处理：

(1) 检查电压是否正常。

(2) 检查制动器气隙是否达到规定的要求。

(3) 检查导向螺套是否顶紧机座。

【故障2】制动器不能吸合。

分析及处理：

(1) 检查电压是否满足要求。

(2) 检查接线是否正确。

（3）检查制动轮与闸带间隙是否满足要求。

【故障3】制动器噪声大。

分析及处理：

（1）检查电压是否满足要求。

（2）检查制动轮与闸带间的间隙是否满足要求。

任务4　维护与保养曳引钢丝绳

任务描述

（1）对曳引钢丝绳的检查。

（2）对曳引钢丝绳进行维护与保养。

教学准备

资料准备：工作页。

工具准备：安全帽、安全带、安全鞋、工作服、警戒线护栏、安全警示牌、塞尺、梅花扳手。

工作步骤

步骤1：前期工作。

（1）检查是否做好了电梯维保的警示及相关安全措施。

（2）向相关人员（如管理人员、乘客或司机）说明情况。

（3）按规范做好维保人员的安全保护措施。

（4）准备相应的维保工具。

步骤2：对曳引钢丝绳进行维护与保养。

（1）维保人员整理清点维保工具与器材。

（2）放置"有人维修　禁止操作"的警示牌。

（3）将轿厢运行到基站。

（4）到机房将选择开关打到检修状态，并挂上警示牌。

（5）完成维保工作后，将检修开关复位，并取走警示牌。

步骤3：填写工作页。

知识链接

1. 曳引钢丝绳的检查

（1）检查电梯全部曳引钢丝绳所受的张力是否保持平衡，越趋近一致越好，用手拉

（或手压）的感觉松紧一致，或用张力测量仪器测量后，其相互的差别不超过 5%。如果有张力不均衡情况，就可以用钢丝绳锥套螺栓上的螺母来调节弹簧的压紧程度，使其平均。曳引钢丝绳如图 3-14 所示。

图 3-14 曳引钢丝绳

（2）检查钢丝绳是否润滑合适，以降低绳丝之间的摩擦损耗，并防止表面锈蚀。钢丝绳内有油浸麻芯一根，使用时，油逐渐外渗，不需要表面涂油；但如果使用时间过长，油渐枯竭，造成钢丝绳表面过于干燥，则可用 30~45 号机油对钢丝绳进行润滑。但需注意，上油不可太多，使钢丝绳表面有渗透的少量润滑油（手摸感油）即可。当渗油过多时，应予以除油，防止因渗油过多而造成钢丝绳在曳引轮上打滑。

（3）检查钢丝绳有无机械损伤，有无断丝、断股，并检查锈蚀及磨损程度，还要检查绳头是否完好和有无松动现象。若发现曳引钢丝绳有表 3-7 所列情况之一时，应及时更换。

表 3-7 曳引钢丝绳报废标准

在断丝附近，钢丝绳表面磨损或锈蚀的钢丝直径百分比/%	在一个捻距内的最大断丝数	
	断丝在钢丝绳内各股间分布均匀	断丝集中在 1 股或 2 股绳中
0	32	16
10	27	14
20	22	11
30	16	8
40	报废	报废

（4）检查钢丝绳断丝和锈蚀的方法。

① 在机房里让电梯慢车行驶，细心、直观地检查钢丝绳在曳引轮上的绕行全过程，检查有无断丝和锈蚀。若有断丝，就把断丝的突出部分剪下来供检查分析；若有锈蚀，则记录

锈蚀的段落。

② 可用小块面纱围在绳上，让电梯慢速行驶一个全程，观察钢丝有无断丝。若钢丝绳有断丝，其断头会挂住棉纱，出现少量断丝不需要更换钢丝绳，仍然可用。

注意：当在一个捻距（7~7.2倍绳径）内的断丝数目超过钢丝总数的2%时，每周至少增加一次检查，以观察其发展趋势，从而确定处理方案；当使用一定时间后出现断丝，则必须每周更仔细检查和注意钢丝的磨损和断丝数。

（5）检查钢丝绳有无失效。

新安装的电梯在投入运行一两年后，曳引钢丝绳的伸长量会减少，处于相对稳定的状态。如果突然出现钢丝绳伸长量显著增长，而且出现钢丝绳在一个捻距内每天都有断丝出现时，说明该钢丝绳已经失效，应立即更换。

（6）检查绳头组合装置有无损坏。

维保人员站在电梯轿顶上，检查曳引钢丝绳头与对重和轿厢组合部分的连接情况，零件有无锈蚀、螺母有无松动、开口销是否完好、绳头弹簧有无永久变形和裂纹，以及电梯在运行中有无相互碰撞产生异常声音，等等。曳引钢丝绳绳头如图3-15所示。

图3-15　曳引钢丝绳绳头

2. 曳引钢丝绳的维保内容及方法（表3-8）

表3-8　曳引钢丝绳的维保内容及方法

序号	部位	维保内容	维保周期
1	曳引钢丝绳	张力差	每半年
2		伸长量	每季度
3		磨损	新梯每年、老梯每半年
4	曳引钢丝绳绳头组合	运行有无噪声	每半个月
5		是否完好	每半年

3. 曳引钢丝绳的内部结构

曳引钢丝绳的内部结构和横截面示意如图 3-16、图 3-17 所示,磨损检查内容如下:
(1) 清除钢丝绳上黏附的泥沙及油污。
(2) 检查钢丝绳是否有开叉、断股现象。
(3) 用游标卡尺测量钢丝绳直径,磨损应少于公差直径的 10%。

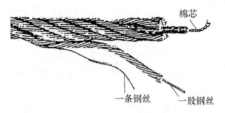

图 3-16 曳引钢丝绳内部结构

图 3-17 曳引钢丝绳的横截面示意

(4) 电梯均匀运行,取 6 个检查点,在一个节距内,断丝应少于 4 条。(一个节距等于 6 倍钢丝绳直径)
(5) 如果出现以上现象,则通知客户更换钢丝绳。

4. 曳引钢丝绳张力检查及调整

(1) 将电梯开至中间层,使轿厢与对重基本平齐。
(2) 测量各绳头弹簧的长度差(不超过 2 mm),准确调整。可利用弹簧秤拉钢丝绳,测量每一条钢丝绳的张力是否一致。(张力误差不超过 5%)。
(3) 如果弹簧长度差不一致或钢丝绳张力不一致,则可通过调整绳头拉杆调整螺母来使其达到要求。
注意:调整后必须上下运行几次,再次检查调整。

思考与练习

请完成以下电梯维护保养项目:
(1) 制动器间隙的检查(检测)、调整、维修及更换。
(2) 制动器制动衬的检查(检测)、调整、维修及更换。
(3) 制动器动作状态监测装置的检查(检测)、调整、维修及更换。
(4) 制动器铁芯的检查(检测)、调整、维修及更换。
(5) 制动器制动能力的检查(检测)、调整、维修及更换。
(6) 制动器各销轴部位的检查(检测)、调整、维修及更换。

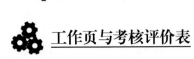
工作页与考核评价表

任务1 维护与保养曳引电动机——工作页

班级_____姓名_____日期_____成绩_____

请完成曳引电动机的以下维保项目,并填写维保要求。

维保项目	维保要求
安全意识	
曳引电动机轴承换油	
检测曳引电动机运行噪声	
检测曳引电动机电源电压	
检测曳引电动机绝缘电阻	

任务 1　维护与保养曳引电动机——考核评价表

班级_____　姓名_____　日期_____　成绩_____

序号	教学环节	参与情况	考核内容	教学评价	
				自我评价	教师评价
1	明确任务	参　与【　】 未参与【　】	领会任务意图		
			掌握任务内容		
			明确任务要求		
2	搜集信息	参　与【　】 未参与【　】	研读学习资料		
			搜集数据信息		
			整理知识要点		
3	填写工作页	参　与【　】 未参与【　】	明确工作步骤		
			完成工作任务		
			填写工作内容		
4	展示成果	参　与【　】 未参与【　】	聆听成果分享		
			参与成果展示		
			提出修改建议		
5	整理笔记	参　与【　】 未参与【　】	聆听任务解析		
			整理解析内容		
			完成学习笔记		
6	完善工作页	参　与【　】 未参与【　】	自查工作任务		
			更正错误信息		
			完善工作内容		
备注	请在"教学评价"栏中填写 A、B 或 C。A—能；B—勉强能；C—不能				
学生心得						
教师寄语						

任务 2　维护与保养减速箱——工作页

班级_____姓名_____日期_____成绩_____

请完成以下减速箱维保项目，并填写维保要求。

维保项目	维保要求
安全意识	
油箱换油	
蜗轮轴轴承换油	
检查漏油	
检查蜗轮与蜗杆啮合齿轮侧间隙和轮齿磨损量	
检查蜗杆轴向游隙	

任务 2　维护与保养减速箱——考核评价表

班级＿＿＿＿＿＿＿　姓名＿＿＿＿＿＿＿　日期＿＿＿＿＿＿＿　成绩＿＿＿＿＿＿＿

序号	教学环节	参与情况	考核内容	教学评价	
				自我评价	教师评价
1	明确任务	参　与【　】 未参与【　】	领会任务意图		
			掌握任务内容		
			明确任务要求		
2	搜集信息	参　与【　】 未参与【　】	研读学习资料		
			搜集数据信息		
			整理知识要点		
3	填写工作页	参　与【　】 未参与【　】	明确工作步骤		
			完成工作任务		
			填写工作内容		
4	展示成果	参　与【　】 未参与【　】	聆听成果分享		
			参与成果展示		
			提出修改建议		
5	整理笔记	参　与【　】 未参与【　】	聆听任务解析		
			整理解析内容		
			完成学习笔记		
6	完善工作页	参　与【　】 未参与【　】	自查工作任务		
			更正错误信息		
			完善工作内容		
备注	请在"教学评价"栏中填写 A、B 或 C。A—能；B—勉强能；C—不能				
学生心得					
教师寄语					

任务 3 调节制动器制动瓦间隙——工作页

班级_____姓名_____日期_____成绩_____

请完成制动器维保项目，并填写维保要求。

维保项目	维保要求
安全意识	
用塞尺测量制动器制动瓦与制动轮间隙	
测量制动器间隙值是否符合制造单位要求，如果不符合，则进行调节 （注：国家标准为 0.3～0.7 mm，不同品牌的电梯，标准各不相同，但都在该范围内，并且标准要更精准一些，一般为 0.3～0.5 mm。）	
断开制动器线圈电源，用扳手调节制动弹簧螺母	
将电梯上下运行两次，若无异常，则撤除围栏，投入运行	

任务3 调节制动器制动瓦间隙——考核评价表

班级_____ 姓名_____ 日期_____ 成绩_____

序号	教学环节	参与情况	考核内容	教学评价	
				自我评价	教师评价
1	明确任务	参 与【 】 未参与【 】	领会任务意图		
			掌握任务内容		
			明确任务要求		
2	搜集信息	参 与【 】 未参与【 】	研读学习资料		
			搜集数据信息		
			整理知识要点		
3	填写工作页	参 与【 】 未参与【 】	明确工作步骤		
			完成工作任务		
			填写工作内容		
4	展示成果	参 与【 】 未参与【 】	聆听成果分享		
			参与成果展示		
			提出修改建议		
5	整理笔记	参 与【 】 未参与【 】	聆听任务解析		
			整理解析内容		
			完成学习笔记		
6	完善工作页	参 与【 】 未参与【 】	自查工作任务		
			更正错误信息		
			完善工作内容		
备注	请在"教学评价"栏中填写 A、B 或 C。A—能；B—勉强能；C—不能					
学生心得					
教师寄语					

任务 4　维护与保养曳引钢丝绳——工作页

班级＿＿＿＿＿＿＿姓名＿＿＿＿＿＿＿日期＿＿＿＿＿＿＿成绩＿＿＿＿＿＿＿

请完成曳引钢丝绳以下维保项目，并填写维保要求。

维保项目	维保要求
维保前准备	
测量曳引钢丝绳的张力	
测量曳引钢丝绳的伸长量	
测量曳引钢丝绳的磨损	
检查绳头组合运行时有无噪声	
检查绳头组合是否完好	

任务 4 维护与保养曳引钢丝绳——考核评价表

班级_____ 姓名_____ 日期_____ 成绩_____

序号	教学环节	参与情况	考核内容	教学评价	
				自我评价	教师评价
1	明确任务	参 与【 】 未参与【 】	领会任务意图		
			掌握任务内容		
			明确任务要求		
2	搜集信息	参 与【 】 未参与【 】	研读学习资料		
			搜集数据信息		
			整理知识要点		
3	填写工作页	参 与【 】 未参与【 】	明确工作步骤		
			完成工作任务		
			填写工作内容		
4	展示成果	参 与【 】 未参与【 】	聆听成果分享		
			参与成果展示		
			提出修改建议		
5	整理笔记	参 与【 】 未参与【 】	聆听任务解析		
			整理解析内容		
			完成学习笔记		
6	完善工作页	参 与【 】 未参与【 】	自查工作任务		
			更正错误信息		
			完善工作内容		
备注	请在"教学评价"栏中填写 A、B 或 C。A—能；B—勉强能；C—不能					
学生心得					
教师寄语					

项目四

电梯安全保护装置的维护与保养

教学目标

- 了解电梯的安全保护系统。
- 理解电梯安全保护装置的工作原理。
- 掌握电梯安全保护装置的维护与保养的方法。

任务1　调节安全钳与导轨的间隙

📋 任务描述

（1）测量安全钳与导轨之间的间隙。
（2）调整安全钳与导轨之间的间隙。

📋 教学准备

资料准备：工作页。

工具准备：安全帽、安全带、安全鞋、工作服、警戒线护栏、安全警示牌、塞尺、梅花扳手。

📋 工作步骤

步骤1：前期工作。
（1）检查是否做好了电梯维保的警示及相关安全措施。
（2）向相关人员（如管理人员、乘客或司机）说明情况。
（3）按规范做好维保人员的安全保护措施。
（4）准备相应的维保工具。
步骤2：对安全钳与导轨的间隙进行测量和调整。
（1）维保人员整理清点维保工具与器材。
（2）放置"有人维修　禁止操作"的警示牌。
（3）将轿厢运行到基站。
（4）到机房将选择开关置于检修状态，并挂上警示牌。
（5）完成维保工作后，将检修开关复位，并取走警示牌。
步骤3：填写工作页。

✏️ 知识链接

1. 安全钳的定义

安全钳装置的功能是在限速器的操纵下实现的，当电梯出现超速、短绳等非常严重的故障后，能将轿厢紧急制停并夹持在导轨上。它为电梯的安全运行起到了有效的保护作用，一般将其安装在轿厢架或对重架上。安全钳装置由安全钳操纵机构和安全钳体两部分组成，即安全钳动作时，首先触动电气机构，使电梯安全回路断开，制停电梯。如果制动器无法制停，安全钳就会进一步动作，将电梯制停在导轨上。

2. 安全钳的种类与应用

根据工作原理不同，安全钳可分为两种类型：瞬时型和渐进型。

1）瞬时型

瞬时型安全钳制动元件是刚性的，其制动力利用的是自锁夹紧原理。根据夹紧元件的不同，常见的有楔型和滚子型这两种。一旦夹紧元件与导轨接触，就不需任何外力而依靠自锁夹紧作用来夹紧导轨，制动力很大，能使轿厢立即停止。轿厢制停过程中，轿厢的动能和势能主要由安全钳的钳体变形和挤压导轨所消耗。其中，楔型安全钳 80%的能量由安全钳的钳体变形吸收，滚子型安全钳近 80%的能量由挤压导轨吸收。由于制停时产生较大的减速度，根据《电梯制造与安装安全规范》（GB 7588—2003），瞬时型安全钳只能用于正常运行速度在 0.63 m/s 以下的电梯。

2）渐进型

渐进型安全钳制动元件是通过某些部件的作用，使制动力受控而不至于产生的减速度过大。目前最常用的渐进式安全钳是恒制动型安全钳，常见的有楔块型和滚子型这两种，其原理与瞬时型安全钳的不同之处在于夹紧元件的支撑点不同：瞬时型安全钳的夹紧元件元件支撑在刚性原件上，而渐进型安全钳的夹紧元件支撑在弹性元件上，其夹紧力是在制动元件锁死后，由弹性元件的弹力决定。其弹性元件的压紧力恒定，由此产生的摩擦力也是恒定的，因此其制停减速度是不变的。当安全钳动作时，能较好地保护人身与电梯设备的安全。渐进型安全钳可用于所有电梯中。

3）安全钳的维护保养

（1）安全钳拉杆组件系统动作时，应灵活可靠，无卡阻现象，系统动作的提拉力应不大于 150 N。

（2）安全钳楔块与导轨侧面间隙应为 2～3 mm，且两侧间隙应较均匀，安全钳动作应灵活可靠。

（3）安全钳开关触点应良好，当安全钳工作时，安全钳开关应率先动作，并切断电梯安全回路。

（4）安全钳上所有的机构零件应去除灰尘、污垢及旧有的润滑脂，对构件的接触摩擦表面用煤油清洗，且涂上清洁机油，然后检测所有手动操作的行程，应保证未超过电梯的各项限制。从导靴内取出楔块，清理闸瓦和楔块的工作表面，并在楔块上涂上制动油，再安装复位。

（5）利用水平拉杆和垂直拉杆上的张紧头，调整楔块的位置，使每个楔块和导轨间的间隙保持在 2～3 mm，然后将拉杆的张紧接头定位，如图 4－1 所示。

（6）检查制动力是否符合要求。渐进型安全钳制动时，平均减速度应为 0.2～1.0 g（g 为重力加

图 4－1 安全钳楔块与导轨之间的距离

速度，$g = 9.8 \text{ m/s}^2$）。

（7）轿厢被安全钳制停时，不应产生过大的冲击力，同时也不应产生太长的滑行。

任务 2　维护与保养缓冲器

任务描述

（1）明确缓冲器的分类、结构和功能。
（2）缓冲器的维保内容与方法。

教学准备

资料准备：工作页。

工具准备：安全帽、安全带、安全鞋、工作服、警戒线护栏、安全警示牌、塞尺、梅花扳手。

工作步骤

步骤 1：前期工作。
（1）检查是否做好了电梯维保的警示及相关安全措施。
（2）向相关人员（如管理人员、乘客或司机）说明情况。
（3）按规范做好维保人员的安全保护措施。
（4）准备相应的维保工具。

步骤 2：对缓冲器进行维护与保养。
（1）维保人员整理清点维保工具与器材。
（2）放置"有人维修　禁止操作"的警示牌。
（3）将轿厢运行到基站。
（4）到机房将选择开关置于检修状态，并挂上警示牌。
（5）检查以下项目：

① 缓冲器的各项技术指标（如缓冲行程等）以及安全工作状态是否符合要求。

② 缓冲器的油位及泄漏情况（至少每季度检查一次），油面高度应经常保持在最低油位线上。油的凝固点应在 -10 ℃。年度指数应在 115 以上。

③ 缓冲器弹簧应无锈蚀。如有，则用 1000# 砂纸打磨光滑，并涂上防锈漆。

④ 缓冲器上的橡胶冲垫应无变形、老化或脱落。若有，应及时更换。

⑤ 缓冲器柱塞的复位情况。检查方法是以低速使缓冲器到完全压缩位置，然后放开，从开始放开的一瞬间计算，到柱塞回到原位置上，所需时间应不大于 90 s（每年检查一次）。

⑥ 轿厢或对重撞击缓冲器后，应全面检查，如果发现缓冲器不能复位或歪斜，则应

予以更换。

⑦ 检查电气保护开关是否固定牢靠、动作灵活、可靠。

（6）做好以下项目的维护与保养。

① 缓冲器的柱塞外漏部分要清除尘埃、油污，保持清洁，并涂上防锈油脂。

② 定期对缓冲器的油缸进行清洗，更换费油。

③ 定期查看并紧固缓冲器与底坑下面的固定螺栓，防止松动。

（7）完成维保工作后，将检修开关复位，并取走警示牌。

步骤3：填写工作页。

知识链接

由于控制失灵、曳引力不足或制动失灵等原因，电梯发生轿厢或对重蹲底时，缓冲器将吸收轿厢或对重的动能，提供最后的保护，以保证人员和电梯结构的安全。

缓冲器分为蓄能型缓冲器和耗能型缓冲器，以及新型的聚氨酯缓冲器。蓄能型缓冲器和聚氨酯缓冲器主要以弹簧和聚氨酯材料等为缓冲元件，耗能型缓冲器主要是油压缓冲器。当电梯额定速度很低时（如小于 0.4 m/s），轿厢和对重下的缓冲器也可以使用实体式缓冲块来代替。实体式缓冲块可用橡胶、木材或其他具有适当弹性的材料制成，实体式缓冲器应有足够的强度，能承受具有额定载荷的轿厢（或对重），并以限速器动作时的规定下降速度冲击而无损坏。

1. 弹簧缓冲器（蓄能型缓冲器）

弹簧缓冲器一般由缓冲橡皮、缓冲座、弹簧和弹簧座等组成，用地脚螺栓固定在地坑基座上。

弹簧缓冲器受到轿厢或对重装置的冲击时，依靠弹簧的变形来吸收轿厢或对重装置的动能。弹簧缓冲器的特点是缓冲后存在回弹现象，即缓冲不平稳的缺点，所以弹簧缓冲器一般用于额定速度在 1 m/s 以下的低速电梯。

2. 油压缓冲器

油压缓冲器如图 4-2 所示。与弹簧缓冲器相比，油压缓冲器具有缓冲效果好、行程短、没有回弹作用等优点。额定速度在 1 m/s 以上的电梯都采用油压缓冲器。油压缓冲器由缸体、缓冲橡胶垫和复位弹簧等组成，缸体内注有缓冲器油。

油压缓冲器的工作原理：当油压缓冲器受到轿厢和对重的冲击时，柱塞向下运动，压缩缸体内的油，油通过环形节流孔喷向柱塞腔。当油通过环形节流孔时，由于流动截面面积突然减小，就会形成涡流，使液体内的质点相互撞击、摩擦，将动能转化为热量散发，从而消耗电梯的动能，使轿厢（或对重）逐渐缓慢地停下来。

图 4-2 油压缓冲器

油压缓冲器具有缓冲平稳的优点，在使用条件相同的情况下，油压缓冲器所需的缓冲行程可以比弹簧缓冲器少一半。

所以油压缓冲器适用于各种电梯。

3. 油压缓冲器季度维保内容与方法

（1）将棉布蘸清洁剂，清洁缓冲器表面灰尘和污垢。

（2）检查缓冲器是否有漏油现象。

（3）使用油位量规检查缓冲器油位是否合适。如果缺少，则必须补充。

（4）检查缓冲器表面是否有锈蚀和油漆脱落。如果有，则使用 1000#砂纸打磨光滑，去除锈蚀后，应补漆防锈。

（5）检查液压油缸壁和活塞柱是否有污垢；清洁表面，如果有锈蚀，则使用 1000#砂纸打磨除锈。有的活塞表面有一层防锈漆，清洁时不应去掉。

（6）将干净棉布蘸机油，润滑活塞柱。

（7）检查缓冲器顶端是否有橡胶垫块，如果没有，则应补上。

（8）检查缓冲器安装得是否牢固、垂直。

（9）站在活塞下，跳动几次，检查活塞是否有 50~100 mm 的活动范围，电气开关是否动作。如果活塞没有动，则检查缓冲器是否有问题。

任务 3　维护与保养行程终端保护开关

任务描述

维保人员对电梯进行半年维保，检查、调整电梯端站保护装置的功能。

教学准备

资料准备：工作页。

工具准备：安全帽、安全带、安全鞋、工作服、警戒线护栏、安全警示牌、塞尺、梅花扳手。

工作步骤

步骤1：前期工作。

（1）检查是否做好了电梯维保的警示及相关安全措施。

（2）向相关人员（如管理人员、乘客或司机）说明情况。

（3）按规范做好维保人员的安全保护措施。

（4）准备相应的维保工具。

步骤2：对终端限位保护装置进行维护与保养。

（1）维保人员整理清点维保工具与器材。

（2）放置"有人维修　禁止操作"的警示牌。

（3）将轿厢运行到基站。
（4）到机房将选择开关置于检修状态，并挂上警示牌。
（5）完成维保工作后，将检修开关复位，并取走警示牌。

步骤3：填写工作页。

知识链接

1. 换速、限位、极限开关的安装位置和功能

为防止电梯由于控制方面的故障，轿厢超越顶层（或底层）端站继续前行，必须设置保护装置，以防止发生严重的后果和结构损坏。防止越程的保护装置一般设在井道内上下端站附近，由强迫减速开关、限位开关和极限开关组成。这些开关（或碰轮）都安装在固定于导轨的支架上，由安装在轿厢上的打板（撞杆）触动而动作。

图4-3所示为目前广泛使用的电气极限开关的安装示意。其强迫减速开关、限位开关和极限开关均为电气开关，尤其是限位开关和极限开关必须符合电气安全触电要求。

图4-4所示为使用铁壳刀闸作为极限开关的安装示意，刀闸开关安装在机房，刀闸刀片转轴的一端装有棘轮，上面绕有钢丝绳。钢丝绳的一端通过导轮接到井道顶上（下）极限开关碰轮，另一端吊有配重，以张紧钢丝绳。当轿厢的打板触动碰轮时，由钢丝绳传动，将刀闸断开。由于刀闸串联在主电路上，因此刀闸断开后，主电路也断开了。

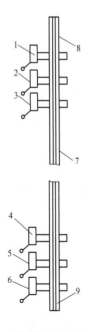

图4-3 电气极限开关的安装示意

1—上极限开关；2—上限位开关；3—上强迫减速开关；4—下强迫减速开关；5—下限位开关；6—下极限开关；7—轨道；8—井道顶部；9—井道底部

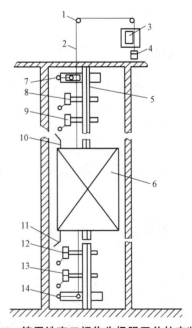

图4-4 使用铁壳刀闸作为极限开关的安装示意

1—导轨；2—钢丝绳；3—终端极限开关；4—张紧配重；5—导轨；6—轿厢；7—上极限开关碰轮；8—上限位开关；9—上强迫减速开关；10—上开关打板；11—下开关打板；12—下强迫减速开关；13—下限位开关；14—下极限开关碰轮

强迫减速开关是防止越程的第一道关，一般设在端站正常换速开关之后。当开关触动时，轿厢立即强制转为低速运行。在速度比较高的电梯中，可设几个强迫减速开关，分别用于短行程和长行程的强迫换速。

限位开关是防止越程的第二道关，当轿厢在端站没有停层而触动限位开关时，立即切断方向控制电路，使电梯停止运行。但此时仅仅防止电梯向危险方向运行，电梯仍能向安全方向运行。

极限开关是防止越程的第三道关。当限位开关动作后，若电梯仍不能停止运行，则触动极限开关切断电路，使驱动主机迅速停止运转。对于交流调压调速电梯和变频调速电梯，极限开关动作后，应能使驱动主机迅速停止运转；对于单速或双速电梯，应切断主电路或主接触器线圈电路，极限开关动作应能防止电梯在两个方向运行，且未经过专职人员调整，电梯不能自动恢复运行。

2. 对减速、限位、极限开关的维护与保养

1）对三类开关（换速、限位、极限）的检查

（1）检查三类开关的固定是否可靠，有无松动移位，动作是否灵敏。

（2）检查三类开关的碰轮是否动作灵活可靠；同时检查开关的打板（碰板）的垂直情况，有无扭曲变形；在电梯轿厢的全部行程中，碰轮不应接触除上、下碰板之外的任何物体。

（3）检查三类开关的电气接线是否牢固可靠，有无松脱。

（4）检查装于机房内的机械式极限开关的碰轮和钢丝绳连接是否牢固，上、下碰轮架是否牢固，有无松动移位；对碰轮轴和各滑轮适量加油，保持润滑。

2）对三类开关的检验

应定期对三类开关进行可靠性试验，方法如下：

（1）对极限开关的检验：先将强迫停车开关线路短接，电梯以检修状态慢行越过强迫停车开关，使碰板直接与极限开关碰轮接触，检查极限开关能否切断电梯电源。

（2）对限位开关的检验：电梯以检修状态慢行，使轿厢上的碰板触动强迫停车开关的碰轮，验证限位开关能否使电梯停止运行。

（3）对减速开关的检验：将电梯上（或下）端终点层站的楼层选层继电器（或有关触电）断开，人为造成在该层站不停车；电梯在该层之前相隔两层开始快速运行，当电梯越过该层平层位置而使轿厢上的碰板触动强迫减速开关的碰轮时，电梯应换速并很快停下来。

（4）检验注意事项：检验的顺序应该是先检验极限开关，再检验限位开关，最后检验减速开关。因此，在检验强迫减速开关时，应能保证强迫停车开关和极限开关良好；同理，在检验强迫停车开关时，应能保证极限开关良好。如果在检验中发现极限开关失灵，那么在修复极限开关之前，绝对不能检验该方向的其他两个开关，否则会造成电梯冲顶（或蹲底）的严重事故。

任务 4　维护与保养报警装置

🔄 任务描述

对报警装置（即五方对讲机、报警铃和应急电源）进行检查、维护和保养。

🔄 教学准备

资料准备：工作页。

工具准备：安全帽、安全带、安全鞋、工作服、警戒线护栏、安全警示牌、塞尺、梅花扳手、十字螺丝刀。

🔄 工作步骤

步骤 1：前期工作。
（1）检查是否做好了电梯维保的警示及相关安全措施。
（2）向相关人员（如管理人员、乘客或司机）说明情况。
（3）按规范做好维保人员的安全保护措施。
（4）准备相应的维保工具。
步骤 2：对报警装置进行维护保养。
（1）维保人员整理清点维保工具与器材。
（2）放置"有人维修　禁止操作"的警示牌。
（3）将轿厢运行到基站。
（4）到机房将选择开关置于检修状态，并挂上警示牌。
（5）完成维保工作后，将检修开关复位，并取走警示牌。
步骤 3：填写工作页。

✏️ 知识链接

电梯报警装置各部件的安装位置主要在轿厢内和轿顶，五方通话是指在值班室、机房、轿厢内、轿顶和底坑之间可通话。维保人员要熟悉各部件的安装位置和线路的敷设情况，熟悉电梯轿厢内的报警装置和轿顶报警装置的维保项目及内容。确保电梯轿厢内报警安全运行，需要定期对电梯轿厢内报警装置做好维护和保养工作。

1. 电梯报警系统的电路图

电梯报警系统的电路图如图 4-5 所示。该系统的电源应采取专门的应急电源供电，而不依赖于电梯本身正常运行的电源。应急电源安装在电梯轿顶。

项目四　电梯安全保护装置的维护与保养

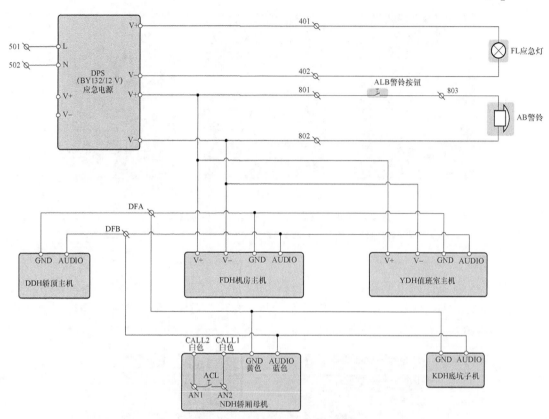

图 4-5　电梯报警系统的电路图

2. 电梯报警系统的相关装置

1）轿厢外的装置

在底坑、值班室、机房与轿顶的对讲机安装位置分别如图 4-6（a）～（d）所示。报警铃和站钟装在轿顶上，如图 4-6（e）、（f）所示。

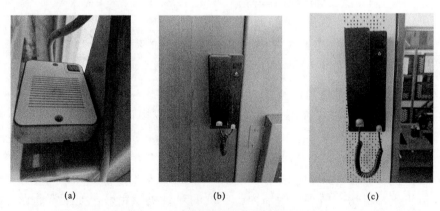

图 4-6　电梯报警系统在轿厢外的装置

（a）底坑对讲机的安装位置；（b）值班室对讲机的安装位置；（c）机房对讲机的安装位置

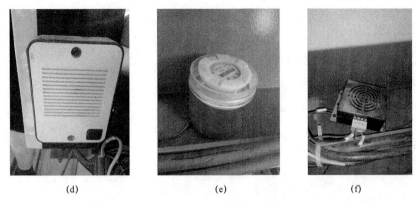

图4-6 电梯报警系统在轿厢外的装置（续）

(d) 轿顶对讲机安装位置；(e) 轿顶报警铃的安装位置；(f) 站钟的安装位置

2）轿厢内装置

轿厢内应装有紧急报警装置，在电梯发生故障的情况下，轿厢内乘客可以用该装置向外界发出求救信号。相关的操纵按钮、开关和轿内对讲机都在轿厢内操纵屏上，如图4-7所示。

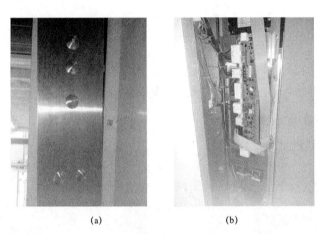

图4-7 电梯报警系统在轿厢内的装置

(a) 正面；(b) 反面

3. 电梯报警系统的维保内容和方法

（1）电梯轿厢内报警装置操作面板的全部按钮应标记清晰、功能正常、清洁无污迹。

（2）电梯轿顶报警铃应完好，功能正常，清洁无灰尘。

（3）电梯轿顶应急电源应完好，功能正常，清洁无灰尘。

（4）值班室、机房、轿顶、轿厢内、底坑的对讲机应完好，能正常通话，清洁无灰尘。

（5）轿厢内报警铃接线端子接线应良好，布线排列整齐，清洁无灰尘。

思考与练习

请完成以下电梯维护保养项目：
（1）缓冲器的检查（检测）、调整、维修及更换。
（2）对重缓冲距离的检查（检测）、调整、维修及更换。
（3）上极限开关的检查（检测）、调整、维修及更换。
（4）下极限开关的检查（检测）、调整、维修及更换。
（5）上限位开关的检查（检测）、调整、维修及更换。
（6）下限位开关的检查（检测）、调整、维修及更换。
（7）上强减速开关的检查（检测）、调整、维修及更换。
（8）下强减速开关的检查（检测）、调整、维修及更换。

工作页与考核评价表

任务1 测量与调整安全钳与导轨的间隙——工作页

班级_____姓名_____日期_____成绩_____

请完成以下维保项目,并填写维保要求。

维保内容	维保要求
维保前准备	
进入底坑	
用塞尺测量钳块与导轨的间隙	
读数是否合格,如果不合格,则应进行调节	
调整完毕后,电梯投入运行。如果运行正常,则收拾工具,清理现场	

任务 1 调节安全钳与导轨的间隙——考核评价表

班级_____ 姓名_____ 日期_____ 成绩_____

序号	教学环节	参与情况	考核内容	教学评价	
				自我评价	教师评价
1	明确任务	参 与【 】 未参与【 】	领会任务意图		
			掌握任务内容		
			明确任务要求		
2	搜集信息	参 与【 】 未参与【 】	研读学习资料		
			搜集数据信息		
			整理知识要点		
3	填写工作页	参 与【 】 未参与【 】	明确工作步骤		
			完成工作任务		
			填写工作内容		
4	展示成果	参 与【 】 未参与【 】	聆听成果分享		
			参与成果展示		
			提出修改建议		
5	整理笔记	参 与【 】 未参与【 】	聆听任务解析		
			整理解析内容		
			完成学习笔记		
6	完善工作页	参 与【 】 未参与【 】	自查工作任务		
			更正错误信息		
			完善工作内容		
备注	请在"教学评价"栏中填写 A、B 或 C。A—能；B—勉强能；C—不能					
学生心得					
教师寄语					

任务 2　维护与保养缓冲器——工作页

班级＿＿＿＿＿＿＿＿姓名＿＿＿＿＿＿＿＿日期＿＿＿＿＿＿＿＿成绩＿＿＿＿＿＿＿＿

请完成以下维保项目，并填写维保要求。

维保内容	维保要求
维保前准备	
进入底坑	
缓冲器复位试验	
检查电气保护开关	
检查缓冲器液位	
检查缓冲距离	
缓冲器清洁	

任务 2　维护与保养缓冲器——考核评价表

班级_____ 姓名_____ 日期_____ 成绩_____

序号	教学环节	参与情况	考核内容	教学评价	
				自我评价	教师评价
1	明确任务	参　与【　】 未参与【　】	领会任务意图		
			掌握任务内容		
			明确任务要求		
2	搜集信息	参　与【　】 未参与【　】	研读学习资料		
			搜集数据信息		
			整理知识要点		
3	填写工作页	参　与【　】 未参与【　】	明确工作步骤		
			完成工作任务		
			填写工作内容		
4	展示成果	参　与【　】 未参与【　】	聆听成果分享		
			参与成果展示		
			提出修改建议		
5	整理笔记	参　与【　】 未参与【　】	聆听任务解析		
			整理解析内容		
			完成学习笔记		
6	完善工作页	参　与【　】 未参与【　】	自查工作任务		
			更正错误信息		
			完善工作内容		
备注	请在"教学评价"栏中填写 A、B 或 C。A—能；B—勉强能；C—不能				
学生心得						
教师寄语						

任务3 维护与保养行程终端保护开关——工作页

班级_____ 姓名_____ 日期_____ 成绩_____

请完成以下维保项目，并填写维保要求。

维保内容	维保要求
检查换速、限位、极限开关附属装置的上油部位	
维保前准备	
检查换速、限位、极限开关的安装位置	
检查换速、限位、极限开关的电气接线	
检查轿厢外侧的开关打（碰）板	
检查机械式极限开关	

任务 3 维护与保养行程终端保护开关——考核评价表

班级_____ 姓名_____ 日期_____ 成绩_____

序号	教学环节	参与情况	考核内容	教学评价	
				自我评价	教师评价
1	明确任务	参 与【 】 未参与【 】	领会任务意图		
			掌握任务内容		
			明确任务要求		
2	搜集信息	参 与【 】 未参与【 】	研读学习资料		
			搜集数据信息		
			整理知识要点		
3	填写工作页	参 与【 】 未参与【 】	明确工作步骤		
			完成工作任务		
			填写工作内容		
4	展示成果	参 与【 】 未参与【 】	聆听成果分享		
			参与成果展示		
			提出修改建议		
5	整理笔记	参 与【 】 未参与【 】	聆听任务解析		
			整理解析内容		
			完成学习笔记		
6	完善工作页	参 与【 】 未参与【 】	自查工作任务		
			更正错误信息		
			完善工作内容		
备注	请在"教学评价"栏中填写 A、B 或 C。A—能；B—勉强能；C—不能					
学生心得					
教师寄语					

任务 4　维护与保养报警装置——工作页

班级_____　姓名_____　日期_____　成绩_____

请完成以下维保项目，并填写维保要求。

维保项目	维保要求
检查轿厢内报警装置操作面板	
检查轿厢内报警按钮、显示	
检查轿厢内对讲机的按钮	
检查轿厢内对讲机的通话功能	
检查轿顶报警铃	
检查轿顶对讲机	
检查接线端子	
检查值班室、底坑、机房对讲机功能	
检查轿厢内检修开关、急停开关	
检查轿顶检修开关、急停开关	
检查底坑上、下急停开关	

任务 4 维护与保养报警装置——考核评价表

班级_____ 姓名_____ 日期_____ 成绩_____

序号	教学环节	参与情况	考核内容	教学评价	
				自我评价	教师评价
1	明确任务	参 与【 】 未参与【 】	领会任务意图		
			掌握任务内容		
			明确任务要求		
2	搜集信息	参 与【 】 未参与【 】	研读学习资料		
			搜集数据信息		
			整理知识要点		
3	填写工作页	参 与【 】 未参与【 】	明确工作步骤		
			完成工作任务		
			填写工作内容		
4	展示成果	参 与【 】 未参与【 】	聆听成果分享		
			参与成果展示		
			提出修改建议		
5	整理笔记	参 与【 】 未参与【 】	聆听任务解析		
			整理解析内容		
			完成学习笔记		
6	完善工作页	参 与【 】 未参与【 】	自查工作任务		
			更正错误信息		
			完善工作内容		
备注	请在"教学评价"栏中填写 A、B 或 C。A—能；B—勉强能；C—不能				
学生心得					
教师寄语					

项目五
电梯机械系统的维护与保养

🔄 教学目标

- 了解电梯机械系统的维保项目。
- 掌握电梯机械系统维保项目的要求。
- 会正确选择工具对电梯进行机械系统的维护与保养操作。

任务1　维护与保养轿厢重量平衡系统

任务描述

明确轿厢重量平衡系统的结构功能，对重量平衡系统进行维护与保养。

教学准备

资料准备：工作页。

工具准备：安全帽、安全带、安全鞋、工作服、警戒线护栏、安全警示牌、塞尺、梅花扳手。

工作步骤

步骤1：前期工作。

（1）检查是否做好了电梯维保的警示及相关安全措施。

（2）向相关人员（如管理人员、乘客或司机）说明情况。

（3）按规范做好维保人员的安全保护措施。

（4）准备相应的维保工具。

步骤2：对轿厢和重量平衡系统进行维护与保养。

（1）维保人员整理清点维保工具与器材。

（2）放置"有人维修　禁止操作"的警示牌。

（3）将轿厢运行到基站。

（4）到机房将选择开关置于检修状态，并挂上警示牌。

（5）完成维保工作后，将检修开关复位，并取走警示牌。

步骤3：填写工作页。

知识链接

1. 轿厢的检查

（1）检查轿厢架与轿厢体的连接，轿厢侧视图如图5-1所示。

① 检查这两者之间的连接螺栓的紧固，有无松动、错位、变形、脱落、锈蚀或零件丢失等情况。

② 当发现轿厢变形（且变形不太厉害）时，可

图5-1　轿厢侧视

采取稍微放松紧固螺栓的办法，让其自然校正，然后拧紧。如果变形较严重，则拆下重新校正或更换。

③ 当发现轿底不平时，可用胶片校平；在日常维保中，应保持轿厢体各组成部分的接合处在同一平面或相互垂直，应无过大的拼缝。

④ 此外，当电梯发生紧急停车、卡轨或超载运行（超载保护装置不起作用）时，应及时检查轿厢架与轿厢体四角接点的螺栓紧固和变形的情况。

⑤ 检查轿厢架与轿厢体连接的四根拉杆受力是否均匀，注意轿厢有无歪斜，是否造成轿门运动不灵活甚至造成轿厢无法运行；如果这四根拉杆受力不匀，可以通过拉杆上的螺母来进行调节。

（2）检查轿底、轿壁和轿顶的相互位置。

① 检查这三者的相互位置有无错位。可用卷尺测量轿厢上、下底平面的对角线长度是否相等。

② 当发现三者的相互位置错位时，应检查轿厢的安装螺钉是否松动、轿底的刚性是否较差，并针对具体情况对应解决。

（3）检查轿顶轮（反绳轮）和绳头组合。

① 检查轿顶轮有无裂纹，轮孔润滑是否良好，绳头组合有无松动、移位等。

② 对轿顶轮上油处应定期加油。如果发现轿顶轮在转动时发出异响，说明已缺乏润滑，应及时上油。

③ 当轿顶轮的转动有卡阻现象时，通常是铜套磨损变形或脏污造成的，可相应处理。

④ 当轿顶轮转动时有颠簸或有轴向窜动现象时，说明隔环端面磨损、轴向间隙大，可采用加垫圈的办法来解决。

⑤ 若曳引钢丝绳在轿顶轮上打滑，则说明轮内的铜套污脏或隔环过厚无间隙，可用煤油清洗铜套并注油。若铜套过厚，则应减薄隔环，使轮的轴向间隙保持在 0.5 mm 左右。

（4）检查轿壁有无翘曲、嵌头螺钉有无松脱，有无振动异响。查出原因并作相应处理。

（5）检查轿厢上的超载与称重装置，其动作是否灵活可靠，有无失效，是否符合称重量。

2. 对重装置的检查

检修对重与补偿装置，对重装置如图 5-2 所示。

（1）检查固定平衡重块的框架及井道平衡重导轨支架的紧固件是否牢固。

（2）检查对重块框架上的导轮轴及导轮的润滑情况，每半个月应加润滑油一次。

（3）检查对重滑动导靴的紧固情况及滑动导靴的间隙是否符合规定要求；检查有无损伤和润滑情况。

（4）检查对重装置上的绳头组合是否安全可靠。

图 5-2 对重装置

（5）检查对重架内的砣块是否稳固，若有松动，应及时紧固，防止砣块在运行中产生抖动或窜动。

（6）检查对重下端距离对重缓冲器的高度，即当轿厢在顶层平层位置时，其对重下端与对重缓冲器顶端的距离。如果是弹簧缓冲器，则应为 200～350 mm；如果是液压缓冲器，则应为 150～400 mm；如果缓冲距离低于对应标准最低值，则应截短曳引钢丝绳。

（7）如果对重架上装有安全钳，则应对安全钳装置进行检查。传动部分应保持动作灵活可靠，并定期加润滑油。

（8）检查补偿链装置和导向导轨是否清洁，应定期擦洗。检查补偿链在运行中是否稳定、有无较大噪声，可在链环上涂防音油，以降低运行噪声。如果消音绳折断，则应予以更换。

（9）检查补偿链的链头有无松动。补偿链过长时，应调整或裁截。

（10）检查补偿链尾端与轿厢和对重底的连接是否牢固、紧固螺栓有无松脱、夹紧有无移位等。

任务 2　维护与保养门系统

任务描述

对电梯层门间隙测量与调整，对层门门锁啮合间隙进行调整。

教学准备

资料准备：工作页。

工具准备：安全帽、安全带、安全鞋、工作服、警戒线护栏、安全警示牌、塞尺、梅花扳手。

工作步骤

步骤 1：前期工作。

（1）检查是否做好了电梯维保的警示及相关安全措施。

（2）向相关人员（如管理人员、乘客或司机）说明情况。

（3）按规范做好维保人员的安全保护措施。

（4）准备相应的维保工具。

步骤 2：对门系统进行维护与保养。

（1）维保人员整理清点维保工具与器材。

（2）放置"有人维修　禁止操作"的警示牌。

（3）将轿厢运行到基站。

（4）到机房将选择开关置于检修状态，并挂上警示牌。
（5）完成维保工作后，将检修开关复位，并取走警示牌。

步骤3：填写工作页。

知识链接

电梯门通常由轿门、层门以及附属部件组成。轿门封住轿厢的出入口，以保证电梯安全运行。

《电梯技术条件》（GB/T 10058—2009）规定，为保证电梯的安全运行，层门和轿门与周边结构（如门框、上门楣、地坎）的缝隙只要不妨碍门的运动，应尽量小，客梯门的周边缝隙应不大于6 mm，货梯的周边缝隙应不大于8 mm。

电梯的门刀与门锁轮的位置要调整精确。在电梯运行中，门刀经过门锁轮时，门刀与门锁轮两侧的距离要均等；通过层站时，门刀与层门地坎的距离和门锁轮与轿门地坎距离均应为5～10 mm。若距离太小，则容易碰擦地坎；若距离太大，则会影响门刀在门锁轮上的啮合深度，一般门刀在工作时应与门锁轮在全部厚度上接触。

电梯层门是乘客与电梯最先接触的位置，也是电梯出现故障最多之处，层门的关闭与否直接关系着乘客的安全。层门结构示意如图5-3所示。

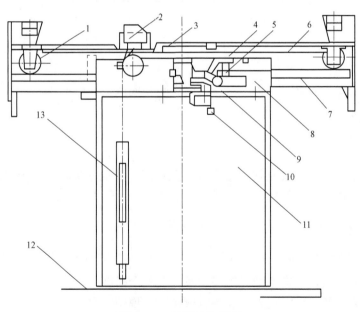

图5-3 层门结构示意
1—定滑轮；2—安全触点；3—钢丝绳连接扣；4—门锁轮；5—钢丝绳连接口；6—传动钢丝绳；7—门滑轨；
8—门吊板；9—门锁；10—手工开门顶杆；11—层门；12—层门地坎；13—自动关门重锤

《电梯制造与安装安全规范》（GB 7588—2003）明确要求，轿厢运动前，应将层门有效地锁紧在闭合位置上。层门在锁紧前，可以进行轿厢运行的预备操作，层门锁紧必须由一个符合要求的电气安全装置来证实。只有在锁紧元件啮合不小于7 mm时，轿厢才能起动，如图 5-4 所示。

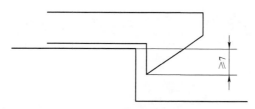

图 5-4 锁紧元件啮合长度

门锁是锁住层门不被随便打开的重要安全保护机构。当电梯在运行中而并未停站时，各层层门应都被门锁锁住，乘客不能从外面将层门撬开。只有当电梯停站时，层门才能被安装在轿门上的开门刀片带动而开启。

当电梯检修人员需要从外部打开层门时，需要用一种符合要求的特制钥匙才能把门打开。门锁装在层门的上方，对中分式层门，有的在两扇层门上各装一把门锁，也有的只在一扇层门上装一把门锁。对于后一种情况，层门上须设置一套传动系统，方可保证另一扇层门的开启。钢丝绳绕过固定在门框上的定滑轮上，并分别在两扇层门上固定。当一扇门朝着开门方向移动时，另一扇门也朝着开门方向移动；反之，当一扇门朝着关门方向移动时，另一扇门也朝着关门方向移动。

门系统的维护保养要求如下：

（1）轿门的检查。检查轿门门板有无变形、划伤、撞蹭、下坠及掉漆等现象。当吊门滚轮磨损使门下坠，其下端面与轿厢踏板的间隙小于 4 mm 时，应更换滚轮，或调整间隙为 4~6 mm。

（2）经常检查并调整吊门滚轮上的偏心挡轮，或压紧轮与导轨下端面的间隙（应不大于 0.5 mm），一使门扇在运行时平稳，无跳动现象。

（3）检查门导轨有无松动，门导靴（滑块）在门槛槽内是否运行灵活，两者的间隙是否过大或过小；保持清洁并加油润滑；如果门导靴磨损严重，则应更换。

（4）检查门滑轮及配合的销轴有无磨损，紧固螺母有无松动，并及时上油。每年对滑轮清洗上油一次。

（5）检查厅、轿门关闭后的门缝隙，应不大于 2 mm。

（6）检查层门门锁，应灵活可靠，在层门关闭上锁后，必须保证不能从外面开启。

（7）检查层门在开关过程中是否平滑、平稳，无抖动、摆动和噪声；轿门与层门的系合装置的配合是否符合标准，且无撞击声或其他异常声音。

（8）检查开关门电动机及其接线，清除电动机上的灰尘，定期用薄油润滑轴承。如果电刷磨损严重，则应予更换。

（9）检查自动门机构的控制电路，应安全可靠。电梯只能在门关闭锁上、电器触电闭合接通的情况下才能起动运行。无论何时，当层门及轿门开启、电器触点断开时，电梯应不能起动，若在运行中，则应立即停止运行。

任务3　维护与保养导向系统

任务描述

对电梯导向系统进行认知和维护保养。

教学准备

资料准备：工作页。

工具准备：安全帽、安全带、安全鞋、工作服、警戒线护栏、安全警示牌、塞尺、梅花扳手。

工作步骤

步骤1：前期工作。
（1）检查是否做好了电梯维保的警示及相关安全措施。
（2）向相关人员（如管理人员、乘客或司机）说明情况。
（3）按规范做好维保人员的安全保护措施。
（4）准备相应的维保工具。
步骤2：对导向系统进行维护与保养。
（1）维保人员整理清点维保工具与器材。
（2）放置"有人维修　禁止操作"的警示牌。
（3）将轿厢运行到基站。
（4）到机房将选择开关置于检修状态，并挂上警示牌。
（5）完成维保工作后，将检修开关复位，并取走警示牌。
步骤3：填写工作页。

知识链接

1. 导轨及其支架的维护保养要求

1）导轨平面度的测量

由于导轨是电梯轿厢上的导靴和安全钳的穿梭路轨，所以在安装时必须保证其间隙符合要求。导轨的连接采用连接板，连接板与导轨底部加工面的粗糙度为 $Ra \leqslant 12.5\mu m$，导轨的连接如图5-5所示。连接板与导轨底部加工面的平面度应不大于0.20 mm。

2）导轨垂直度的测量

利用U形导轨卡板、线锤和直尺可以对导轨垂直度进行测量。导轨端面对底部加工面的垂直度在每100 mm测量长度上应不大于0.40 mm。导轨底部加工面对纵向中心平面

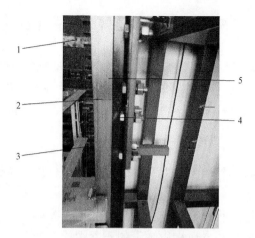

图 5-5 导轨连接处示意

1—上导轨；2—导轨连接板；3—下导轨；4—导轨连接栓（螺母）；5—导轨连接板

的垂直度要求是：对于机械加工导轨，在每 100 mm 测量长度上不应大于 0.14 mm；对于冷轧加工导轨，在每 100 mm 测量长度上应不大于 0.29 mm。

3）导轨的维保要点

（1）当发现导轨接头处弯曲，可进行校正。其方法是：拧松两头邻近导轨接头压板螺栓，拧紧弯曲接头处的螺栓，在已放松压板导轨底部垫上钢片，调直后拧紧压板螺栓。

（2）若发现导轨移位、松动现象，则说明导轨连接板、导轨压板上的螺栓已松动，应及时紧固。有时，因导轨支架松动（或开焊）也会造成导轨移位，此时应根据具体情况，进行紧固（或补焊）。

（3）当弯曲的程度严重时，就必须在较大范围内，用上述方法调直。在校正弯曲时，绝对不允许采用火烤的方法校直导轨，这样不但不能将弯曲校正，反而会产生更大的扭曲。

（4）当发现导轨工作面有凹槽、麻斑、飞边、划伤以及安全钳动作，或紧急停止制动而造成导轨损伤时，应用锉刀、纱布、油石等对其进行修磨光滑。修磨后的导轨不能留下锉刀纹痕迹。

（5）若发现导轨接头处的台阶高于 0.05 mm，则应进行修磨。

（6）若发现导轨面不清洁，则应使用煤油擦净导轨面上的脏污，并清洗干净导靴靴衬；若润滑不良，则应定期向油杯内注入同规格的润滑油，保证油量油质，并适当调整油毡的伸出量，保证导轨面有足够的润滑油。

2. 导靴和油杯的维护保养要求

1）导靴

导靴是电梯导轨与轿厢之间可以滑动的尼龙块，它可以将轿厢固定在导轨上，让轿厢只能上下移动。导靴上部有油杯，用于减少靴衬与导轨的摩擦力。

（1）检查导靴固定螺栓是否紧固。滑动导靴油杯的油位应在 1/4～3/4 油杯。对于无自动润滑装置的滑动导靴，应每周用手涂油一次，每年清洗一次。

（2）应保证弹性滑动导靴对导轨的压力。当因靴衬磨损而引起松弛时，应加以调整。每月检查一次。

（3）检查滑动导靴靴衬的磨损程度。磨损严重时，即当磨损量超过1mm时（或按图纸要求），应更换。在电梯运行时，导靴应无异响。每季检查一次。

（4）检查导靴靴衬两侧的磨损是否均匀，若不均匀，则更换靴衬，并检查导靴是否安装对称。

（5）检查滚动导靴的滚轮是否开胶、断裂，滚轮与导轨上是否有油污。滚轮对导轨的工作面不应歪斜，在整个轮缘宽度上与导轨工作面上应均匀接触，导靴支架的活动部位应加油。每季检查一次。

（6）检查电梯在运行过程中，轿厢晃动是否过大。若前后晃动，则导靴与导轨面左右接触面的距离过大，应调整导靴橡胶弹簧的压紧螺栓；若左右晃动，则内靴衬与导轨端面接触面的距离过大，应调整导靴座上的调整螺栓。

2）油杯

油杯是安装在导靴上润滑导轨和导靴的自动装置。

（1）操作员进入轿顶，以检修状态全程运行电梯，检查主、副导轨油杯的整体是否破损，安装是否牢固，并清理油杯表面的污物、灰尘。

（2）检查油杯吸油毛毡的油量是否高于油杯的2/3，且油毡面不得超过导油毡夹紧装置。油杯中的油量若少于油杯的1/3，则应加注钙基润滑脂润滑油。加油后，操作电梯运行一次，观察导轨的润滑情况。

（3）检查吸油毛毡是否紧贴导轨面，油毡夹紧装置应露出油面。

（4）慢车上、下运行电梯，检查油毡对导轨的加油润滑情况。不论润滑油过多或太少，都可通过调毛毡夹紧装置的调整螺栓进行控制。

（5）在轿顶检修运行电梯，并注意听导靴与导轨间是否有摩擦异响。若有，则认真检查是否导靴与导轨间有凹凸不平、异物、碎片、导靴松动或润滑油不够等不良问题。

任务4　维修平层装置

任务描述

对电梯平层装置进行认知和维护保养。

教学准备

资料准备：工作页。

工具准备：安全帽、安全带、安全鞋、工作服、警戒线护栏、安全警示牌、塞尺、梅花扳手、锤子、水平尺、直尺。

工作步骤

步骤1：前期工作。

（1）检查是否做好了电梯维保的警示及相关安全措施。

（2）让无关人员离开轿厢和检修工作场地，需用合适的护栏挡住入口处，以防无关人员进入。

（3）按规范做好维保人员的安全保护措施。

（4）准备相应的维保工具。

步骤2：维修平层装置。

（1）维保人员整理清点维保工具与器材。

（2）放置"有人维修　禁止操作"的警示牌。

（3）将轿厢运行到基站。

（4）到机房将选择开关置于检修状态，并挂上警示牌。

（5）完成维保工作后，将检修开关复位，并取走警示牌。

步骤3：填写工作页。

知识链接

1. 电梯的平层原理

在电梯主机的轴端都安装有一个旋转编码器，在电梯运行时，产生数字脉冲。在控制系统里有一个位置脉冲累加器，当电梯上行时，位置脉冲累加器接收的旋转编码器发出的脉冲数值增加；当电梯下行时，位置脉冲累加器接收的旋转编码器发出的脉冲数值减少。

安装好的电梯必须在正式运行前的调试过程中，进行一次电梯层楼基准数据的采集工作，也称为自学习，即通过一个特定的指令，让电梯进入自学习运行状态，或人工操作（或自动）从最底层向上运行到顶层。由于轿厢外侧装有平层传感器，而在井道中对应每层楼的平层位置都装有一块平层遮光板，因此在电梯自下而上的运行过程中，轿厢到达每一层楼的平层位置时，平层开关都动作。在自学习状态时，控制系统就记下到达每一层平层开关动作时，位置脉冲累加器的数值，并作为每一层楼的基准位置数据。

在正常运行过程中，控制系统比较位置脉冲累加器和层楼基准位置的数值，就可以得到电梯的楼层信号，并准确平层。

2. 电梯的平层装置

电梯的平层装置包括感应器和遮光板（或隔磁板），感应器安装在轿顶，遮光板则安装在井道导轨支架上，如图5-6所示。

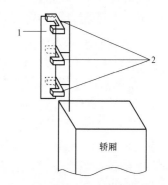

图5-6　平层装置安装位置示意

1—遮光板；2—感应器

1) 永磁感应器

永磁感应器由 U 形永久磁铁、干簧管、盒体组成。其原理是：由 U 形永久磁铁产生磁场对干簧管感应器产生作用，使干簧管内的触点动作，其动合触点闭合、动断触点断开；当隔磁板插入 U 形永久磁铁与干簧管中间的空隙时，由于干簧管失磁，其触点复位；当隔磁板离开感应器后，干簧管内的触点又恢复动作。

2) 光电感应器

现在的电梯更多使用光电感应器取代永磁感应器。与永磁感应器相似，光电感应器的发射器和接收器分别位于 U 形槽的两边，当遮光板经过 U 形槽阻断光轴时，光电开关就产生了检测到的开关量信号，使触点动作。光电感应器比永磁感应器工作可靠，更适合于高速电梯。

3. 故障分析

【故障 1】 轿厢停靠某一楼层站时，轿厢地坎明显高于层门地坎，在其他楼层站的停靠则无这种现象。

（1）故障分析：轿厢停靠其他楼层时均能够准确停靠，说明平层感应器及平层电路均正常，故障可判定是出在该楼层遮光板的定位上。

（2）故障排除步骤如下：

① 设置维修警示栏，做好相关安全措施。

② 测量轿门地坎与层门地坎的高度差，并记录。

③ 按规范程序进入轿顶，调节该楼层的平层遮光板。因为轿厢地坎高于层门地坎，所以应把遮光板垂直往下调，下调尺寸就是刚刚测量出的数据。调整时，先在遮光板支架的原始位置做个标记，然后用工具把支架固定螺栓拧松 2~3 圈，用胶锤向下敲击遮光板支架，达到下调尺寸。注意：应垂直下调，且调整完后，应复核支架的水平以及遮光板与感应器配合的尺寸（要均匀）。

④ 调节完毕，退出轿顶，恢复电梯的正常运行，验证电梯是否平层。如果不平层，就微调遮光板，直至完全平层。最后，紧固支架螺栓。

【故障 2】 轿厢在全部楼层站停靠时，轿门地坎都低于层门地坎。

（1）故障分析：轿厢停靠每层层站时都能停靠但无法准确平层，说明平层感应器（即平层电路）均正常，可判定故障出在轿厢上的平层感应器的位置调校上。

（2）故障排除步骤如下：

① 设置维修警示栏，做好相关安全措施。

② 测量轿门地坎与层门地坎的高度差，并记录。

③ 按规范程序进入轿顶，调节轿顶上的平层感应器。因为轿厢地坎低于层门地坎，所以应把传感器垂直往下调，下调尺寸就是刚刚测量出的数据。调整时，先在传感器的原始位置做标记，然后用工具把传感器固定螺栓拧松，用手移动传感器达到应要下调的尺寸。注意：应垂直下调，且调整完后，应复核遮光板与感应器配合的尺寸（要均匀）。

④ 调节完毕，退出轿顶，恢复电梯的正常运行，验证电梯是否平层。如果不平层，就微调感应器，直至完全平层。

思考与练习

请完成以下电梯维护保养项目：
(1) 轿门门锁电气触点的检查（检测）、调整、维修及更换。
(2) 层门门锁电气触点的检查（检测）、调整、维修及更换。
(3) 层门传动钢丝绳的检查（检测）、调整、维修及更换。
(4) 轿门传动带的检查（检测）、调整、维修及更换。
(5) 层门挂板偏心轮、限位的检查（检测）、调整、维修及更换。
(6) 轿门挂板偏心轮、限位的检查（检测）、调整、维修及更换。
(7) 层门地坎与滑块的检查（检测）、调整、维修及更换。
(8) 轿门地坎与滑块的检查（检测）、调整、维修及更换。

工作页与考核评价表

任务1 维护与保养轿厢和重量平衡系统——工作页

班级_____姓名_____日期_____成绩_____

请完成以下维保项目，并填写维保要求。

维保内容	维保要求
维保前工作	
导向轮、轿顶轮和对重轮的注油	
检查对重装置	
检查对重块及其压板	
检查对重与缓冲器的距离	
检查补偿链与轿厢、对重结合处	
检查轿顶、轿厢架、轿门及其附件安装螺栓	
检查轿厢与对重的导轨和导轨支架	
检查轿厢称重装置	

任务1 维护与保养轿厢和重量平衡系统——考核评价表

班级_____ 姓名_____ 日期_____ 成绩_____

序号	教学环节	参与情况	考核内容	教学评价	
				自我评价	教师评价
1	明确任务	参　与【　】 未参与【　】	领会任务意图		
			掌握任务内容		
			明确任务要求		
2	搜集信息	参　与【　】 未参与【　】	研读学习资料		
			搜集数据信息		
			整理知识要点		
3	填写工作页	参　与【　】 未参与【　】	明确工作步骤		
			完成工作任务		
			填写工作内容		
4	展示成果	参　与【　】 未参与【　】	聆听成果分享		
			参与成果展示		
			提出修改建议		
5	整理笔记	参　与【　】 未参与【　】	聆听任务解析		
			整理解析内容		
			完成学习笔记		
6	完善工作页	参　与【　】 未参与【　】	自查工作任务		
			更正错误信息		
			完善工作内容		
备注	请在"教学评价"栏中填写 A、B 或 C。A—能；B—勉强能；C—不能					
学生心得					
教师寄语					

任务 2　维护与保养门系统——工作页

班级＿＿＿＿＿＿＿＿姓名＿＿＿＿＿＿＿＿日期＿＿＿＿＿＿＿＿成绩＿＿＿＿＿＿

请完成以下维保项目，并填写维保要求。

维保内容	维保要求
维保前工作	
检查门锁电气触点	
检查层门门导靴	
检查层门、轿门的门扇与周边结构的间隙	
检查层门地坎	
检查门锁电气触点	
检查打板与限位开关	

任务 2 维护与保养门系统——考核评价表

班级_____ 姓名_____ 日期_____ 成绩_____

序号	教学环节	参与情况	考核内容	教学评价	
				自我评价	教师评价
1	明确任务	参　与【　】 未参与【　】	领会任务意图		
			掌握任务内容		
			明确任务要求		
2	搜集信息	参　与【　】 未参与【　】	研读学习资料		
			搜集数据信息		
			整理知识要点		
3	填写工作页	参　与【　】 未参与【　】	明确工作步骤		
			完成工作任务		
			填写工作内容		
4	展示成果	参　与【　】 未参与【　】	聆听成果分享		
			参与成果展示		
			提出修改建议		
5	整理笔记	参　与【　】 未参与【　】	聆听任务解析		
			整理解析内容		
			完成学习笔记		
6	完善工作页	参　与【　】 未参与【　】	自查工作任务		
			更正错误信息		
			完善工作内容		
备注	请在"教学评价"栏中填写 A、B 或 C。A—能；B—勉强能；C—不能					
学生心得					
教师寄语					

任务3 维护与保养导向系统——工作页

班级_____ 姓名_____ 日期_____ 成绩_____

请完成以下维保项目,并填写维保要求。

维保项目	维保要求
维保前工作	
检查导轨接头	
检查导轨工作面	
检查导轨支架	
检查导靴	
检查油杯	

任务 3 维护与保养导向系统——考核评价表

班级_____ 姓名_____ 日期_____ 成绩_____

序号	教学环节	参与情况	考核内容	教学评价	
				自我评价	教师评价
1	明确任务	参　与【　】 未参与【　】	领会任务意图		
			掌握任务内容		
			明确任务要求		
2	搜集信息	参　与【　】 未参与【　】	研读学习资料		
			搜集数据信息		
			整理知识要点		
3	填写工作页	参　与【　】 未参与【　】	明确工作步骤		
			完成工作任务		
			填写工作内容		
4	展示成果	参　与【　】 未参与【　】	聆听成果分享		
			参与成果展示		
			提出修改建议		
5	整理笔记	参　与【　】 未参与【　】	聆听任务解析		
			整理解析内容		
			完成学习笔记		
6	完善工作页	参　与【　】 未参与【　】	自查工作任务		
			更正错误信息		
			完善工作内容		
备注	请在"教学评价"栏中填写 A、B 或 C。A—能；B—勉强能；C—不能					
学生心得					
教师寄语					

任务 4 维修平层装置——工作页

班级_____姓名_____日期_____成绩_____

请排除以下平层故障。

1. 轿厢停靠某一楼层站时,轿门地坎明显高于层门地坎。

2. 轿厢停靠某一楼层站时,轿门地坎明显低于层门地坎。

3. 轿厢在全部层站停靠时,轿门地坎都低于层门地坎。

4. 轿厢在全部层站停靠时,轿门地坎都高于层门地坎。

任务4 维修平层装置——考核评价表

班级_____ 姓名_____ 日期_____ 成绩_____

序号	教学环节	参与情况	考核内容	教学评价	
				自我评价	教师评价
1	明确任务	参 与【 】 未参与【 】	领会任务意图		
			掌握任务内容		
			明确任务要求		
2	搜集信息	参 与【 】 未参与【 】	研读学习资料		
			搜集数据信息		
			整理知识要点		
3	填写工作页	参 与【 】 未参与【 】	明确工作步骤		
			完成工作任务		
			填写工作内容		
4	展示成果	参 与【 】 未参与【 】	聆听成果分享		
			参与成果展示		
			提出修改建议		
5	整理笔记	参 与【 】 未参与【 】	聆听任务解析		
			整理解析内容		
			完成学习笔记		
6	完善工作页	参 与【 】 未参与【 】	自查工作任务		
			更正错误信息		
			完善工作内容		
备注	请在"教学评价"栏中填写A、B或C。A—能;B—勉强能;C—不能				
学生心得					
教师寄语					

项目六
电梯电气系统的维修与保养

> **教学目标**
>
> - 了解电梯部分电气系统的维保项目。
> - 掌握电梯部分电气系统维保项目的要求。
> - 会正确选择工具对电梯部分电气系统进行维修与保养。

任务1　维修安全回路、门锁回路

🎯 任务描述

为保证电梯能安全地运行，在电梯上安装有许多安全部件。只有每个安全部件都正常，电梯才能正常运行；否则，电梯应立即停止运行。

🎯 教学准备

资料准备：工作页。

工具准备：安全帽、安全带、安全鞋、工作服、警戒线护栏、安全警示牌、塞尺、梅花扳手、一字螺丝刀、十字螺丝刀。

🎯 工作步骤

步骤1：前期工作。
（1）检查是否做好了电梯维保的警示及相关安全措施。
（2）让无关人员离开轿厢和检修工作场地，需用合适的护栏挡住入口处以防无关人员进入。
（3）按规范做好维保人员的安全保护措施。
（4）准备相应的维保工具。

步骤2：维修安全回路、门锁回路
（1）维保人员整理清点维保工具与器材。
（2）放置"有人维修　禁止操作"的警示牌。
（3）将轿厢运行到基站。
（4）到机房将选择开关打到检修状态，并挂上警示牌。
（5）完成维保工作后，将检修开关复位，并取走警示牌。

步骤3：填写工作页。

📘 知识链接

1. 安全回路电气装置

所谓安全回路，就是在电梯各安全部件都装有一个安全开关，把所有的安全开关串联，控制一只安全继电器。只有在所有安全开关都接通的情况下，安全继电器吸合，电梯才能得电运行。图6-1所示为安全回路原理示意。

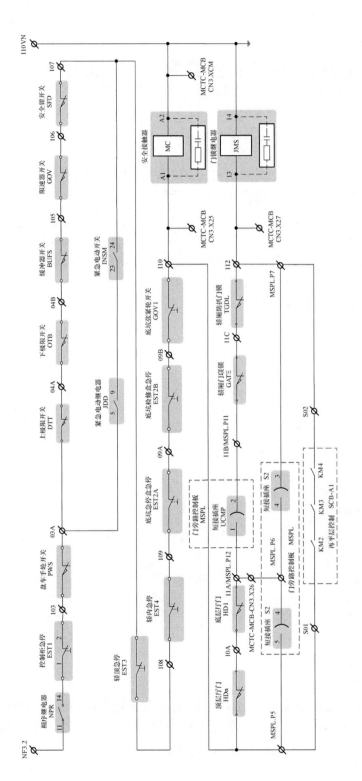

图6-1 安全回路原理示意

1）供电系统断电、错相保护装置

当电梯的供电系统中出现断相（即缺相）时，电气安全系统能自动停车，以免造成电动机过热或烧毁。当电梯电源系统出现错相（即相序错位）时，电梯的电气安全系统能自动停止供电，以防电梯电动机反转造成危险。电梯的电气安全系统安装在机房的电梯控制柜内。

2）超越上（下）极限工作位置的保护装置

超越上（下）极限工作是指当电梯运行到顶层（或底层）位置时，仍不能停车，继续向上或向下运行。在井道中设有极限保护装置，以防止电梯冲顶（或蹲底）造成事故。极限保护装置安装在上、下端站的井道中。

3）慢速移动轿厢装置

当电梯电气系统发生故障或需要慢速移动轿厢来进行维修时，可使用慢速移动轿厢装置，使电梯轿厢慢上或慢下运行。

4）检修运行开关

检修运行开关用于检修电梯（或在电梯出现故障后），将电梯运行到平层位置的开门装置。

5）停止装置

当电梯出现非正常运行时，可操作停止装置按钮，紧急停车。

【说明】

慢速移动轿厢装置、检修运行开关、停止装置都安装在同一个操作箱内，称为检修盒，在机房、轿顶和轿厢内各有一个。底坑的检修盒内只有停止装置，而没有检修运行开关和慢速移动轿厢装置。

6）强迫减速开关

当电梯运行到减速位置时，应立即使用强迫减速开关减速，切断高速，以免造成电梯冲顶（或蹲底）。

7）限位安全保护开关

限位安全保护开关由上、下限位开关组成。如果减速开关未起作用，则限位安全保护开关动作，使电梯停止，切断方向接触器。

8）极限保护开关

如果限位安全保护开关未起作用，则极限保护开关动作，切断上、下行接触器电源，使电梯停止运行。

【说明】

强迫换速开关、限位安全保护开关、极限保护开关合称端站保护开关，安装在井道的上、下端站处。

9）超速保护及断绳保护装置

限速装置安装有联动开关，即限速器上的超速开关和张紧轮上的断绳开关。在电梯超速时（超过额定速度的115%～140%），超速开关动作，切断控制回路，使安全钳卡住导轨。在限速器钢丝绳断裂（或过长）时，断绳开关动作，使电梯急停。

10）超载保护开关

超载保护开关安装在轿厢底部。当电梯超过额定载重量时，超载保护开关动作，发出警告信号，切断控制电路，使电梯不能起动。在额定载荷内，超载保护开关自动复位。

11）防夹安全保护装置

在自动电梯上，安装有自动开关门机构。在轿门与层门之间，安装有防止夹人（物）的机械保护装置，该装置为防夹安全保护装置。当电梯关门，触板碰到人（或物）阻碍关门时，自动开关门机构动作，使门重新开启。

当电梯处于停止状态时，若所有信号均不能登记，快慢车均无法运行，则首先怀疑是安全回路故障，到机房控制屏观察安全继电器的状态。如果安全继电器处于释放状态，则应判断为安全回路故障。

2. 安全回路故障的产生原因

安全回路故障的产生原因有以下几种：

（1）输入电源的相序有错或有缺相，引起相序继电器动作。

（2）电梯长时间处于超负载运行或堵转，引起热继电器动作。

（3）限速器超速引起限速器开关动作。

（4）电梯冲顶（或蹲底）引起极限开关动作。

（5）底坑断绳开关动作。可能是限速器绳跳出或超长。

（6）安全钳动作。应查明原因，可能是限速器超速动作、限速器失油误动作、底坑绳轮失油、底坑绳轮有异物卷入、安全楔块间隙太小等。

（7）安全窗被人顶起，引起安全窗开关动作。

（8）可能有急停开关被人按下。

（9）如果各开关都正常，应检查其触点是否良好，接线是否有松动等。另外，目前较多电梯虽然安全回路正常，安全继电器也吸合，但通常在安全继电器上取一副常开触点再送到主机进行检测，以防安全继电器本身接触不良引起的安全回路故障。

3. 门锁回路装置

电梯门是乘客进出轿厢的装置，一旦门锁回路出现故障，将造成严重的后果，甚至发生剪切的人身伤亡事故。因此，电梯维保人员应定期检查门锁装置，一旦发现问题，就及时解决。

为保证电梯必须在全部门关闭后才运行，在每扇层门及轿门上都装有门电气连锁开关。只有在全部门电气连锁开关都接通的情况下，控制屏的门锁继电器才能吸合，电梯才能运行。反之，如果任一扇门被开启，则电梯应不能起动。

任务 2　维修呼梯与楼层显示系统

任务描述

对电梯呼梯楼层显示器进行检查与维修，对线路进行维修。

教学准备

资料准备：工作页。

工具准备：安全帽、安全带、安全鞋、工作服、警戒线护栏、安全警示牌、塞尺、梅花扳手、一字螺丝刀、十字螺丝刀。

工作步骤

步骤1：前期工作。
（1）检查是否做好了电梯维保的警示及相关安全措施。
（2）向相关人员了解故障情况。
（3）按规范做好维保人员的安全保护措施。
（4）准备相应的维保工具。
步骤2：对电梯呼梯与楼层显示系统的电气故障进行诊断与排除。
（1）维保人员整理清点维保工具与器材。
（2）放置"有人维修　禁止操作"的警示牌。
（3）将轿厢运行到基站。
（4）到机房将选择开关打到检修状态，并挂上警示牌。
（5）完成维保工作后，将检修开关复位，并取走警示牌。
步骤3：填写工作页。

知识链接

1. 电梯呼梯与楼层显示系统

1）外召唤与楼层显示系统

电梯外召唤与楼层显示的结构如图6-2所示。

2）轿厢内呼梯系统

以YL-777型电梯为例，轿内操纵箱如图6-3所示，操作面板上有开/关门按钮、选层按钮、报警按钮和五方通话按钮及楼层显示器。

内呼系统电路原理示意如图6-4所示。

当乘客按下选层按钮，选层按钮内置的发光二极管点亮，同时选层信号通过线路传送到微机主控制器,若电梯不在该层,则选层信号被登记,选层按钮指示灯被微机主控制器发出的信号点亮。

图 6-2 电梯外召唤与楼层显示结构

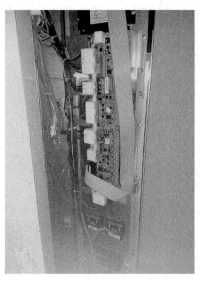

图 6-3 轿内操纵箱

项目六 电梯电气系统的维修与保养

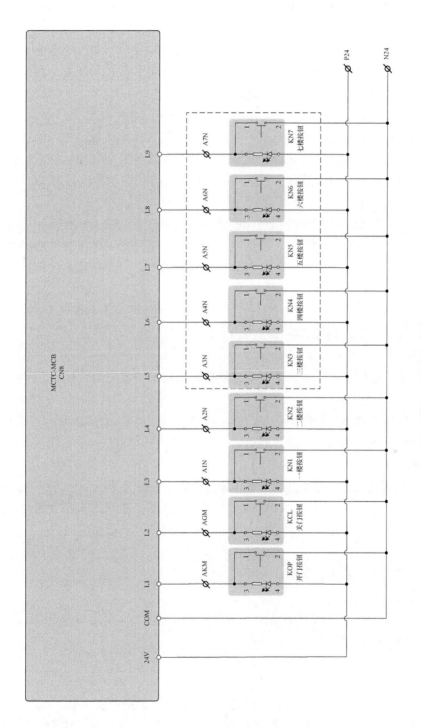

图 6-4 内呼系统电路原理示意

2. 电梯呼梯与楼层显示方式与功能

1）轿内操纵箱

轿内操纵箱是操纵电梯运行的控制中心，通常安装在电梯轿厢靠门的轿壁上，外面仅露出操作面板。操作面板上安装有根据电梯运行功能设置的按钮和开关，而按钮的操作形式、操纵盘的结构形式与电梯的控制方式、层站数有关。

（1）运行方式开关。

电梯的主要运行方式有自动运行方式、手动（有司机）操纵运行方式、检修运行方式以及消防运行方式。操纵盘上（或操纵盘内）装有用于选择控制电梯运行方式的开关（或钥匙开关），可分别选择自动运行方式、手动操纵运行方式、检修运行方式。

（2）选层按钮及指示。

操纵盘上安装有与电梯停站层数相对应的选层按钮，通常按钮内装有指示灯。当按下欲去楼层的按钮后，该指令被登记，相应的指示灯亮；当电梯到达所选的楼层时，相应的指令被消除，相应的指示灯熄灭；未停靠在目标楼层时，选层按钮内的指示灯仍然亮，直到完成指令后熄灭。

（3）开门与关门按钮。

开门、关门按钮的作用是控制电梯轿门的开启和关闭。

（4）方向指示灯。

方向指示灯显示电梯目前的运行方向或选层定向后电梯将要启动运行的方向。

（5）警铃按钮。

当电梯在运行中突然发生故障而停车，而电梯司机（或乘客）无法从轿厢中出来时，可以按下警铃按钮，通知维修人员及时援救。

（6）多方通话装置。

在电梯中装有通话装置，以便在需要时（如检修状态或紧急情况下），轿内人员可通过通话装置与外部联系。三方通话，即轿内人员与机房人员、值班人员相互通话；五方通话，即轿内人员与机房人员、轿顶人员、底坑人员、值班人员相互通话。

（7）风扇开关。

风扇开关是控制轿厢通风设备的开关。

（8）照明开关。

照明开关用于控制轿厢内的照明设施。照明开关的电源不受电梯动力电源控制，当电梯故障或检修停电时，轿厢内仍能正常照明。

（9）当出现紧急状态时按下停止开关，电梯立即停止运行。

2）呼梯按钮箱

呼梯按钮箱是提供给厅外乘客召唤电梯的装置。在下端站只安装一个上行呼梯按钮，在上端站只安装一个下行呼梯按钮，其余层站通常安装上呼和下呼两个按钮，各按钮内部均安装有指示灯。当按下向上（或向下）按钮时，相应的呼梯指示灯立即点亮。当电梯到达某一层站时，该层顺向指示灯熄灭。

3) 楼层指示器

电梯楼层指示器用于指示电梯轿厢目前所在的位置及运动方向。电梯楼层指示器通常有电梯上、下运行方向指示灯和楼层指示灯以及到站钟等,楼层信号的显示方式一般有信号灯、数码管和液晶显示屏三种。

信号灯一般应用于旧式的电梯上,在楼层指示器上装有电梯运行楼层相对应的信号灯,每个信号灯上有数字表示。当电梯轿厢运行到某层时,该层的楼层指示灯亮,离开该层后对应的指示灯熄灭。

数码管楼层指示器一般在微机或 PLC 控制的电梯上使用,楼层显示器上有译码管和驱动电路,显示轿厢到达层楼位置。楼层显示器示意如图 6-5 所示。

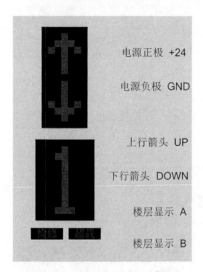

图 6-5 楼层显示器示意图

新款电梯一般采用液晶显示屏,除显示楼层与运行方向信号外,还可以显示其他内容(如广告)。

任务 3　维修与保养电梯控制柜及其他电气线路

任务描述

对电梯控制柜及排风箱和照明线路进行维修与保养。

教学准备

资料准备:工作页。

工具准备:安全帽、安全带、安全鞋、工作服、警戒线护栏、安全警示牌、塞尺、万用表、钳形电流表、梅花扳手、一字螺丝刀、十字螺丝刀。

工作步骤

步骤1：前期工作。
（1）检查是否做好了电梯维保的警示及相关安全措施。
（2）让无关人员离开轿厢和检修工作场地，需用合适的护栏挡住入口，以防无关人员进入。
（3）按规范做好维保人员的安全保护措施。
（4）准备相应的维保工具。
步骤2：对电梯控制柜、电梯轿厢内照明与通风装置进行维修与保养。
（1）维保人员整理清点维保工具与器材。
（2）放置"有人维修　禁止操作"的警示牌。
（3）将轿厢运行到基站。
（4）到机房将选择开关置于检修状态，并挂上警示牌。
（5）完成维保工作后，将检修开关复位，并取走警示牌。
步骤3：填写工作页。

知识链接

1. 电梯控制柜的维护保养要求

1）电梯控制柜（图6-6）的检查

图6-6　电梯控制柜

(1)断开曳引电动机电源,检查电梯控制柜是否正常。

(2)断开电梯控制柜的电源,进行以下检查:

① 用软毛刷(或吸尘器)清扫电梯控制柜内的积尘。观察仪表、接触器、继电器等电气元件的外表,动作是否灵活可靠,有无明显噪声,有无异常气味,连接导线、接点是否牢固、有无松动;变压器、板型电阻器、整流器等有无过热现象。

② 检查继电器、接触器的触点有无烧灼的地方,可用细砂布将氧化部分、碳粉及污垢除去,再用酒精、汽油或四氯化碳清洗擦拭干净。检查调整继电器、接触器触点弹簧压力,使触点有良好的接触。

③ 检查电梯控制柜内接线端子板压线有无松动现象;各熔断器中熔断体是否选用合适。

2)电梯控制柜维保的内容与方法

(1)电梯控制柜:轻扫积尘。

(2)各电器元件:接线无松动、工作温升正常。

(3)接触器主接触点:无烧灼。

(4)其他继电器、接触器触点:接触器良好。

2. 轿厢内照明与通风装置的维修保养要求

1)轿厢内照明与通风装置

(1)轿厢内检修盒。检修盒在电梯轿厢内操纵屏的下部,检修盒有专门的钥匙,平常是锁上的,只有管理维护人员或电梯司机在对电梯进行维修和检查的时候才能打开。检修盒内有轿厢照明开关和风扇开关。

(2)轿厢内照明装置。轿厢内照明装置用于保证轿厢内有足够的照明度。

2)轿厢照明和通风装置维保的内容与方法

(1)日维保。

① 轿厢内照明装置灯无损害,无不良现象。

② 轿厢内通风装置能正常启动,送风量大小合适。

③ 轿内地板照度在 50 lx 以上。

④ 通风口无堵塞。

(2)半月维保。

停电后,应急照明装置应正常启动,并保证应急照明至少能持续 1 h。

(3)季度维保。

① 检查风扇的运行状况,并清洁风扇。

② 给风扇轴承加注润滑油。

思考与练习

请完成以下电梯维护保养项目:

(1)层门和轿门旁路装置的检查(检测)、调整、维修及更换。

（2）轿厢称重装置的检查（检测）、调整、维修及更换。
（3）轿内显示与指令按钮的检查（检测）、调整、维修及更换。
（4）层站召唤与楼层显示的检查（检测）、调整、维修及更换。
（5）层门锁机械安全保护功能检验、调整、维修。
（6）层门电气安全保护功能检验、调整、维修。

工作页与考核评价表

任务1 维修安全回路、门锁回路——工作页

班级_____ 姓名_____ 日期_____ 成绩_____

请分析以下故障的可能原因，并记录排除方法。

故障现象	可能原因	排除方法
轿厢在各楼层站停靠时，轿门地坎都低于层门地坎		
电梯能定向和自动关门，关门后不能起动		
电梯能开门，但不能自动关门		
电梯能开门，但按下门按钮不能关门		
电梯能关门，但电梯到站不开门		

任务1 维修安全回路、门锁回路——考核评价表

班级_____姓名_____日期_____成绩_____

序号	教学环节	参与情况	考核内容	教学评价 自我评价	教学评价 教师评价
1	明确任务	参　与【　】 未参与【　】	领会任务意图		
1	明确任务	参　与【　】 未参与【　】	掌握任务内容		
1	明确任务	参　与【　】 未参与【　】	明确任务要求		
2	搜集信息	参　与【　】 未参与【　】	研读学习资料		
2	搜集信息	参　与【　】 未参与【　】	搜集数据信息		
2	搜集信息	参　与【　】 未参与【　】	整理知识要点		
3	填写工作页	参　与【　】 未参与【　】	明确工作步骤		
3	填写工作页	参　与【　】 未参与【　】	完成工作任务		
3	填写工作页	参　与【　】 未参与【　】	填写工作内容		
4	展示成果	参　与【　】 未参与【　】	聆听成果分享		
4	展示成果	参　与【　】 未参与【　】	参与成果展示		
4	展示成果	参　与【　】 未参与【　】	提出修改建议		
5	整理笔记	参　与【　】 未参与【　】	聆听任务解析		
5	整理笔记	参　与【　】 未参与【　】	整理解析内容		
5	整理笔记	参　与【　】 未参与【　】	完成学习笔记		
6	完善工作页	参　与【　】 未参与【　】	自查工作任务		
6	完善工作页	参　与【　】 未参与【　】	更正错误信息		
6	完善工作页	参　与【　】 未参与【　】	完善工作内容		
备注	请在"教学评价"栏中填写 A、B 或 C。A—能；B—勉强能；C—不能				
学生心得					
教师寄语					

任务 2　维修呼梯与楼层显示系统——工作页

班级＿＿＿＿＿＿＿姓名＿＿＿＿＿＿＿＿日期＿＿＿＿＿＿＿＿成绩＿＿＿＿＿＿＿＿

请完成以下维保项目，并填写维保要求。

维保项目	维保要求
检查轿内显示和指令按钮	
检查轿内报警装置和对讲系统	
检查外呼按钮及显示装置	
检查控制柜内各接线端子	

任务 2　维修呼梯与楼层显示系统——考核评价表

班级＿＿＿＿＿＿　姓名＿＿＿＿＿＿　日期＿＿＿＿＿＿　成绩＿＿＿＿＿＿

序号	教学环节	参与情况	考核内容	教学评价	
				自我评价	教师评价
1	明确任务	参　与【　】 未参与【　】	领会任务意图		
			掌握任务内容		
			明确任务要求		
2	搜集信息	参　与【　】 未参与【　】	研读学习资料		
			搜集数据信息		
			整理知识要点		
3	填写工作页	参　与【　】 未参与【　】	明确工作步骤		
			完成工作任务		
			填写工作内容		
4	展示成果	参　与【　】 未参与【　】	聆听成果分享		
			参与成果展示		
			提出修改建议		
5	整理笔记	参　与【　】 未参与【　】	聆听任务解析		
			整理解析内容		
			完成学习笔记		
6	完善工作页	参　与【　】 未参与【　】	自查工作任务		
			更正错误信息		
			完善工作内容		
备注	请在"教学评价"栏中填写 A、B 或 C。A—能；B—勉强能；C—不能				

学生心得

教师寄语

任务 3 维修与保养电梯控制柜及其他电气线路——工作页

班级_____ 姓名_____ 日期_____ 成绩_____

请完成以下维保项目，并填写维保要求。

维保项目	维保要求
维保前工作	
检查电梯控制柜内清洁	
检查电梯控制柜各电气元件	
检查电梯控制柜接触器主触点	
检查电梯控制柜其他继电器、接触器触点	
检查照明装置	
检查通风装置	

任务3 维修与保养电梯控制柜及其他电气线路——考核评价表

班级_____ 姓名_____ 日期_____ 成绩_____

序号	教学环节	参与情况	考核内容	教学评价	
				自我评价	教师评价
1	明确任务	参 与【 】 未参与【 】	领会任务意图		
			掌握任务内容		
			明确任务要求		
2	搜集信息	参 与【 】 未参与【 】	研读学习资料		
			搜集数据信息		
			整理知识要点		
3	填写工作页	参 与【 】 未参与【 】	明确工作步骤		
			完成工作任务		
			填写工作内容		
4	展示成果	参 与【 】 未参与【 】	聆听成果分享		
			参与成果展示		
			提出修改建议		
5	整理笔记	参 与【 】 未参与【 】	聆听任务解析		
			整理解析内容		
			完成学习笔记		
6	完善工作页	参 与【 】 未参与【 】	自查工作任务		
			更正错误信息		
			完善工作内容		
备注	请在"教学评价"栏中填写A、B或C。A—能；B—勉强能；C—不能				
学生心得					
教师寄语					

参 考 文 献

[1] 陈家盛. 电梯结构原理及安装维修 [M]. 5版. 北京：机械工业出版社，2012.
[2] 余宁. 电梯安装与调试技术 [M]. 南京：东南大学出版社，2011.
[3] 李乃夫. 电梯维修保养备赛指导 [M]. 北京：高等教育出版社，2013.
[4] 张伯虎. 从零开始学电梯维修技术 [M]. 北京：国防工业出版社，2009.
[5] 白玉岷. 电梯安装调试及运行维护 [M]. 北京：机械工业出版社，2010.